Das

Spülversatzverfahren.

Von

Otto Pütz,

Dipl. Bergingenieur.

Mit 40 in den Text gedruckten Figuren.

Springer-Verlag Berlin Heidelberg GmbH 1907

ISBN 978-3-662-38833-4 ISBN 978-3-662-39751-0 (eBook)
DOI 10.1007/978-3-662-39751-0

Vorwort.

In dem vorliegenden Werkchen habe ich, meines Wissens zum ersten Male, versucht, einen zusammenhängenden Überblick über die Einrichtungen und Methoden zu geben, die man bis heute bei dem Spülversatzverfahren in Anwendung findet, um so für einen jeden, der sich für den Gegenstand näher interessiert und demselben bisher noch fern gestanden hat, besonders für Studierende und junge Praktiker, die Übersicht über das gegenwärtig Erreichte zu erleichtern und ihn über das Wichtigste zu orientieren. Bei der täglich zunehmenden Bedeutung, die das Spülversatzverfahren für den Bergbau, sowie für mehrere andere Gebiete der Technik gewinnt, glaubte ich hierdurch einem schon länger empfundenen Bedürfnisse zu entsprechen.

Es ist natürlich leicht möglich, daß mir von der einen oder der anderen Seite eine Unterlassungssünde vorgeworfen wird, weil ich vielleicht hier und da eine Veröffentlichung in der Literatur nicht berücksichtigt habe. Alles konnte nicht eingehende Besprechung finden, da sonst leicht bei der bereits ziemlich umfangreichen Literatur der Rahmen des kleinen Werkes, welches vornehmlich den Neuling in das Wesen des Verfahrens einführen soll, überschritten worden wäre.

Wenn die Lektüre meiner kleinen Arbeit auch keineswegs den Leser in den Stand versetzen kann noch soll, nun selbst eine ähnliche Anlage zu bauen, da hierzu noch eingehendere praktische Studien in technischer wie wirtschaftlicher Hinsicht notwendig sind, so hoffe ich doch, daß das Büchlein genügend Aufklärung zu geben vermag, um den Leser von der hohen Bedeutung und der vielseitigen Anwendungsmöglichkeit dieses neuen Verfahrens zu überzeugen, und ihn ferner befähigt, der Entscheidung der Frage näherzutreten: Wird in einem vorliegenden Falle die Einrichtung dieses Verfahrens möglich und zu empfehlen sein oder nicht? Wenn ich dieses Ziel erreicht haben sollte, so wären meine Bemühungen reichlich belohnt.

Fachgenossen, die mich auf Unvollständigkeiten dieser Arbeit aufmerksam machen sollten, werde ich jederzeit zu Danke verbunden sein.

Mit dem Wunsche, daß meine kleine Arbeit eine freundliche Aufnahme im Leserkreise finden möge, übergebe ich dieselbe mit einem kräftigen „Glückauf" der Öffentlichkeit.

Almeria (Südspanien), im Mai 1907.

Otto Pütz.

Inhaltsverzeichnis.

Literatur.

1. Stahl und Eisen 1903 Nr. 2 S. 109/14; 1904 Nr. 4 S. 238—242.
2. Österr. Z. f. B. u. H.-W. 1903 Nr. 3 u. 4; Beilagen 1904 Nr. 1 u. 2; 1905 Nr. 13, 20—24; 1906 Nr 43—44.
3. Ung. Montan-Industrie- und Handelszeitung 1903 15. Dez. S. 4 u. 5.
4. Sächs. Jahrbuch 1903 S. 3/30.
5. Zeitschr. des Oberschles. Berg- und Hüttenm. Vereins 1901 Dezemberheft; 1904 S. 121/23; 1905 Febr.-, Aug.-, Okt.-Heft.
6. Preuß. Zeitschr. f. B., H. u. S.-W. 1899 S. 264; 1904 S. 71; 1905 Heft 1; 1906 Heft 2.
7. Essener Glückauf 1901 S. 611; 1903 S. 81 ff. Nr. 39 u. 40; 1904 S. 609/16, 646/55, 677/83 Nr. 41—43 (Sonderdruck), Nr. 52; 1905 Nr. 4 u. 5; 1906 Nr. 19, 20 u. 27.
8. Verhandlungen und Untersuchungen der Preußischen Stein- und Kohlenfall-Kommission Heft 4 und 7.
9. Patent-Auszüge des Jahres 1906.

A. Einleitung.

Überall dort, wo Bergwerksunternehmungen, namentlich Kohlengruben, unter bebautem Terrain, unter Häusern, Eisenbahnen, Flußläufen usw. in Betrieb sind, besteht für den Bergmann die betrübende Notwendigkeit, ungeheure Mengen der unterirdischen Schätze, die ihm auf seiner finsteren Bahn die Erde beut, und die in einzelnen, seltenen Fällen die Hälfte des überhaupt vorhandenen Vorrates ausmachen, als Sicherheitspfeiler, deren Dimensionen gemäß dem Bruchwinkel mit zunehmender Teufe beträchtlich wachsen, zum Schutze der Tagesanlagen oder auch eigener bergmännischer Baue anstehen zu lassen, so daß diese mithin dem Nationalvermögen des betreffenden Staates einfach verloren gehen. Die Erfüllung der bergpolizeilichen Vorschrift, unter gewissen oberirdischen Anlagen Sicherheitspfeiler von bestimmten Dimensionen zu belassen, oder die bergamtlich gebotene Abbaubeschränkung in manchen Revieren kann oft die Rentabilität eines Werkes stark beeinträchtigen, ja sogar manchmal vielleicht unmöglich machen.

Für diesen letzteren Fall liefert uns ein treffliches Beispiel Tata banya bei Totis in Ungarn. Vor etwa vier Jahren stand diese Grube vor dem Punkte, wegen der großen Abbauverluste in Sicherheitspfeilern eingestellt werden zu müssen. Dem ungarischen Bergrate Rantzinger jedoch ist das Verdienst zuzuschreiben, das Werk durch eine umfangreiche Einführung des Spülversatzes wieder zur schönsten Blüte zurückgeführt zu haben.

Aus dem erwähnten Umstande war es nun schon lange das Bestreben des Bergmannes, diesen Übelständen entgegen zu arbeiten und Mittel zu ersinnen, die ihn in den Stand setzen sollten, durch eine möglichst vollkommene Wiederausfüllung der ausgehauenen Räume die erwähnten Vorschriften der Bergpolizei in ihrer praktischen Anwendung nach Möglichkeit einzuschränken.

Ein erster Schritt in dieser Frage geschah durch die Einführung des Handbergeversatzes, der heute wohl allgemein dort in Anwendung stehen dürfte, wo die ausgehauenen Räume aus irgend einem Grunde nicht zu Bruche gehen dürfen. Der hierdurch einerseits erzielte Vorteil brachte aber auch andererseits erhebliche Nachteile mit sich, die namentlich in den bedeutenden Unkosten des Bergeversatzes durch Hand liegen. Da meistens in den Gruben, in denen es sich um den Abbau von Flözen und Lagern handelt, bei der Gewinnung der Mineralien verhältnismäßig wenig Berge fallen, so müssen dieselben für den Versatz in den weitaus meisten Fällen von über Tage her hereingeschafft werden. Halden sind nun bei den Zechen oft überhaupt nicht vorhanden oder in vielen Fällen von so geringen Dimensionen, daß dieselben sehr bald aufgebraucht sind. Dann bleibt den Gruben nichts anderes übrig, als Terrain anzukaufen, Steinbrüche anzulegen und bei teuren Gewinnungskosten oft durch lange, kostspielige Bahnen das Material zum Schachte zu schaffen. Zu diesen Auslagen kommen nun die der Arbeit des Versetzens in der Grube hinzu, die infolge der Langwierigkeit derselben nicht unerheblich sind.

Jedoch würden diese Mehrausgaben noch gern von den Grubenverwaltungen getragen werden, wenn der erzielte Erfolg ein entsprechender wäre. Dem ist aber durchaus nicht so. Was man durch den Handbergeversatz erzielen will, wird nur höchst unvollkommen erreicht. Er bietet weder eine hinreichende Sicherheit gegen den Grubenbrand, noch eine genügende Festigkeit und Widerstandskraft gegen den Gebirgsdruck, schränkt also die von den Grubenverwaltungen zu bezahlenden Bergschäden ein wenig ein, beseitigt sie indessen noch keineswegs.

Nach Berechnungen, die man z. B. in Zwickau beim Erzgebirgischen Steinkohlen-Aktien-Verein in einem für den Handversatz sehr günstigen Abbau angestellt hat, ergab sich, daß durch den Handversatz nur 48,7 % des Hohlraumes wieder ausgefüllt wurden. Im allgemeinen werden aber nur 40—45 %

erreicht werden. Durch den Gebirgsdruck würde also der ausgekohlte Raum im Laufe der Zeit bis auf mehr als die Hälfte seines ursprünglichen Volumens reduziert werden können, was sich selbstverständlich an der Tagesoberfläche durch Einsenkungen sehr wohl bemerkbar machen würde.

Wenn also durch die Einführung des Handbergeversatzes gewiß schon den Bergschäden bedeutend entgegengearbeitet wurde, so ist derselbe doch noch keineswegs befähigt, alle Sicherheitspfeiler in der Grube unnötig zu machen. Hierzu bedarf es noch einer ganz bedeutend besseren Ausfüllung der ausgehauenen Räume, und diese hat man in neuerer Zeit durch das sogenannte Spül- oder Schlammversatzverfahren erzielt.

Die Geheimen Bergräte Broja und Klose machten in der deutschen Literatur zum ersten Male auf dieses Verfahren aufmerksam, welches sie auf ihren Studienreisen durch Nordamerika kennen gelernt hatten. Das Prinzip desselben stammt von dem Betriebsleiter Davis, der im Jahre 1891 auf der Dodsonmine bei Plymouth in Pennsylvanien aus Platzmangel über Tage dazu überging, die Schlämme und Waschberge der Anthrazitaufbereitung in alte, verlassene Grubenbaue zu spülen. Die Absicht war also nicht die, einen Versatz herzustellen, sondern einen Lagerplatz für die Berge zu gewinnen und die Waschwasser zum weiteren Gebrauch zu klären. Man erkannte jedoch bald, daß man auf diese Weise einen vorzüglichen Versatz erhielt, der den ganzen Gebirgsdruck aufnahm, und wandte für die Folgezeit das Spülverfahren vorzugsweise für die unter der Stadt Plymouth gelegenen Feldesteile an. Bald darauf wurde das Verfahren auch auf der Black-Diamond-Colliery eingeführt, die derselben Gesellschaft gehört.

Anfänglich wurde dieser Methode in Nordamerika sowohl, als auch später in Deutschland nicht die gebührende Beachtung geschenkt. Erst im Jahre 1901 wurde sie in Oberschlesien durch den Generaldirektor Williger der Kattowitzer Aktiengesellschaft auf der Myslowitzgrube zum ersten Male eingeführt.

Für Oberschlesien ist der streichende Pfeilerbau ohne Bergeversatz charakteristisch. Nur wenig wurde der Handversatz angewandt. Bei den mächtigen Flözen ist der Abbauverlust bei der erwähnten Methode ein recht erheblicher und überschreitet oft noch 40%. So war denn für dieses Grubenrevier die Frage nach einer guten Versatzmethode, durch welche die beträchtlichen Verluste auf ein Minimum eingeschränkt werden konnten, ganz besonders wichtig, und erwarb sich denn auch das neue Verfahren, nachdem einmal ein Anfang gemacht worden war, schnell zahlreiche Freunde.

Da die angestellten Versuche in schönster Weise glückten, so verbreitete sich nun das Verfahren sehr bald weiter und steht heute in Ober- und Niederschlesien, Mährisch- und Polnisch-Ostrau, Zwickau, Westfalen, Elsaß-Lothringen, Russisch-Polen, Frankreich (Pas de Calais), demnächst im schwedischen Lappland in Gellivara, Ungarn, Spanien, und zwar in den Kohlengruben von Villanueva (Sevilla), sowie den Bleierzgruben von Azuaga (Badajoz) und eventuell auch in England, wo man allerdings vorläufig noch Bedenken trägt, in Anwendung. Es steht zu erwarten, daß mit der Zeit nach weiteren Vervollkommnungen und hinreichenden Erfahrungen das Verfahren sich so gut bewähren wird, daß, wenn auch nicht alle, so doch die Mehrzahl der Sicherheitspfeiler der Zechen in Wegfall kommen, und die noch bestehenden zum größeren Teile nachträglich gewonnen werden können, so daß hierdurch die meisten Gruben eine oft mehr als 20 Jahre betragende verlängerte Lebensdauer gewinnen werden.

Kurz gesagt besteht das Spülversatzverfahren in folgendem Vorgange: Auf irgendwelche Weise wird Versatzmaterial, das nicht zu grobkörnig sein darf, zum oder in den Schacht geschafft, dort über einen Rost in einen Trichter gestürzt, in diesem mit Druckwasser gemischt und gelangt so in die anschließende Rohrleitung, die das nasse Gut an den Ort seines Gebrauches führt. Hierselbst strömt die Masse unter Druck aus, lagert sich dicht ab und füllt so nach und nach ansteigend den Hohlraum aus, während das Wasser wieder abfließt, in Klärvorrichtungen sich reinigt, gehoben und aufs neue verwandt wird.

Die Kombination und Konstruktion der zu diesem Verfahren notwendigen Apparate ist naturgemäß sehr mannigfaltig, und weichen daher auf den einzelnen Gruben die Einrichtungen gemäß den besonderen örtlichen Verhältnissen, Zwecken und

Bedingungen stark voneinander ab, jedoch unbeschadet des soeben angegebenen allgemeinen Ganges.

Es möge nicht unerwähnt bleiben, daß man oft, z. B. in Zwickau auf einzelnen Schächten, in Lugau und Ölsnitz im Erzgebirge, in Westfalen und im Saarrevier usw., den Handbergeversatz durch Einführen von Schlamm in die Zwischenräume verdichtet, namentlich um die Verbreitung von Grubenbrand zu verhindern, eine Methode, die mit der in diesem Buche zu besprechenden einen gewissen Zusammenhang hat. Schon im Jahre 1883 will man zu gleichem Zwecke in der Nähe von Cordoba in Südspanien dieses Verfahren angewendet haben. Ähnlich ist das sogenannte „Tränken" des Versatzes, welches darin besteht, daß man durch Einbringen von Wasser in den von Hand eingebrachten Bergeversatz diesen zu dichterem Ablagern bringt. Auf Grube Itzenplitz, Saarrevier, hat man auf diese Weise 25 % dichtere Ablagerung erzielt.

Ferner sei kurz angeführt, daß man in Staßfurt aus den in der Grube vorhandenen Salzschichten, die etwa

60 % Karnallit,
22 % Steinsalz,
14 % Kieserit und
4 % Anhydrit und Ton

enthalten, mittels Wasser oder verdünnter Lauge den Karnallit auslöst, in den sich zum größten Teile in schlammigem Zustande abscheidenden Kieserit das zum Ausfüllen der durch das Auslaugen entstandenen Hohlräume herbeigeschaffte Steinsalz einbettet, so lange der Schlamm noch weich ist und so einen äußerst dichten und festen Versatz erhält.

Das Spülversatzverfahren hat vor allen Dingen eine hohe Bedeutung für den Steinkohlenbergbau gefunden, da in diesen Gruben das Nebengestein meist recht gebräch ist. Allgemein kann man sagen, daß es mit Vorteil anwendbar ist bei Flözen von über 1 m Mächtigkeit und bei Lagern, wie z. B. Eisenerzlagern.

Auch im Kalisalzbergbau hat es sich bereits mit Erfolg eingeführt und sind die Versuche meist unter Beibehaltung des für diesen Bergbau charakteristischen Kammerbaues angestellt worden. Mancherlei Gründe indessen, die namentlich darin bestehen, daß das Dach des Lagers sorgfältig vor Rissen bewahrt bleiben muß, sprechen dafür, bei vollständigem Abbau des Lagers eine andere Abbaumethode mit Spülversatz anzuwenden, etwa den Streb- oder den Pfeilerbau, und die Lagerstätte in Scheiben zu gewinnen, wie die mächtigen Kohlenflöze Oberschlesiens. Auch in horizontaler Richtung wird dann zweckmäßig der Abbau am Stoße in Absätze zerlegt.

Im Nachfolgenden wenden wir uns nun der Besprechung der einzelnen, dem Spülversatze dienenden Vorrichtungen und Mitteln zu, und beginnen mit dem zum Versatze dienenden Materiale.

B. Beschreibung der verschiedenen zum Spülversatzverfahren erforderlichen Einrichtungen und Anlagen.

---

1. Das Versatzmaterial.

Zweck und Aufgabe des Versatzes bestehen in einer möglichst dichten und widerstandsfähigen Ausfüllung der ausgehauenen Räume. Bei dem mit Wasser eingeführten Materiale ist die Erreichung dieses Zieles an folgende Bedingungen geknüpft: Das Versatzmaterial muß erstens hart, also starken Druck auszuhalten befähigt sein und darf zweitens durch das Spülwasser nur mechanisch mitgeführt werden, sich aber nicht in demselben auflösen und dann nach Einleitung in die Baue als Feinschlämme zum Teil wieder mit dem ablaufenden Wasser fortgehen; es muß sich vielmehr schnell aus dem Wasser absetzen. Außerdem darf ein vorteilhaft zu verwendendes Material. drittens die Rohrleitungen nur so wenig als möglich angreifen und beschädigen.

Von diesen drei erwähnten Bedingungen ausgehend, ließen sich die verschiedenen in Frage kommenden Stoffe ihrer Güte nach geordnet in eine Art Skala einreihen, an deren Spitze zweifellos als bester der Quarzsand in möglichst reinem Zustande zu stellen wäre.

Außer der vollkommensten Erfüllung der vorerwähnten Bedingungen besitzt der Quarzsand noch einen nicht zu unterschätzenden Vorzug, der darin besteht, daß bei seiner Anwendung eine vorhergehende Zerkleinerung wegfällt, die z. B. bei der Benutzung von Halden- oder durch Steinbruch gewonnenem Materiale in den weitaus meisten Fällen notwendig ist und natürlich erhebliche Mehrkosten verursacht. Die

Korngröße, bis zu welcher in dem letzteren Falle zerkleinert werden muß, richtet sich nach der Gestalt und Länge des Röhrentransportweges, nach dem Durchmesser der Röhre, nach der vorhandenen Druckhöhe usw.

Nach den bisherigen Erfahrungen empfiehlt es sich, bei einer kurzen und wenig gekrümmten Rohrtour nicht über eine Korngröße von 50—60 mm hinauszugehen, wohingegen bei langen und stärker gekrümmten Wegen als obere Grenze schon 30 mm anzusehen ist. Will man daher von vornherein bei der Anlage einer Spülversatzeinrichtung mit allen Möglichkeiten des Betriebes rechnen, so gehe man nicht über die letztere Grenze der Korngröße hinaus. So begrenzt z. B. die Zeche Hibernia in Westfalen die Korngröße durch einen Rost von 60 mm Maschenweite, Zeche Pluto, Schacht Thies, gleichfalls in Westfalen, durch einen solchen von 35 mm, wohingegen Gewerkschaft Eintracht Tiefbau bei Steele Kesselasche nur unter 30 mm und Waschberge nur unter 20 mm verspült, Zeche Neumühl, Westfalen, sogar nur Korn von 15 mm Größe abwärts verwendet.

Wenn man heute noch oft die Verwendung von Korngrößen antrifft, die oberhalb der soeben angegebenen Grenzen liegen, so ist zu berücksichtigen, daß es sich in diesen Fällen nur um kleine Versuchsanlagen handelt und daß überhaupt das Verfahren noch in den Kinderschuhen steckt.

Wo es also möglich ist, Quarzsand in möglichst reinem Zustande billig bis zum Schachte geliefert zu bekommen, wird man ihm unter allen Umständen den Vorzug geben.

Bei der Verwendung von Sand könnte man mit Recht noch die Frage aufwerfen, ob nicht durch die später nach dem Absatz im Abbau erfolgende Wasserentziehung bei dem auf dem Versatze lastenden enormen Drucke eine Volumenverminderung nach und nach eintreten wird, was also dennoch eine, wenn auch geringe Senkung der Erdoberfläche zur Folge haben könnte.

In der Beantwortung dieser Frage kann Verfasser nicht unbedingt den Ansichten Bernhardis und Gräffs beipflichten, die sich dahin äußern, daß die Sandmassen ihre „dichte Packung unverändert beibehalten, wenn das Wasser entweicht, da sie im *nassen Zustande* in der denkbar dichtesten Form abgelagert worden seien". Immerhin wird bei dem gänzlichen Austrocknen des Sandes und bei dem darauf lastenden Drucke eine Umlagerung der Sandkörnchen und damit eine weitere Verdichtung der Versatzmasse eintreten. Die Körnchen hatten sich für den nassen Zustand allerdings in der dichtesten Form abgesetzt, für den trockenen indessen nicht. Jedoch wird die Volumenverringerung so unbedeutend sein, daß sie keine praktische Wichtigkeit erhält.

Andere Stoffe genügen der einen oder der anderen der aufgestellten Bedingungen nicht oder doch wenigstens nur sehr unvollkommen. Ein toniges und lehmiges Material z. B. setzt sich nur schlecht und schwer wieder aus dem Wasser ab. Infolgedessen würde ein solches Versatzgut unrentabel sein, da erstens das Spülwasser lange im Abbaue stagnieren müßte und so den weiteren Betrieb aufhalten würde und zweitens dennoch ein beträchtlicher Teil des Gutes mit dem abfließenden Wasser wieder fortgeführt werden würde. Letztere Erscheinung hat neben der unrationellen Verwertung des Versatzgutes vor allen Dingen noch den schwerwiegenden Nachteil, daß die Klärbassins, in welche das Spülwasser nach seinem Gebrauche vor der abermaligen Verwendung geleitet wird, sich sehr bald mit Schlamm gänzlich füllen würden und somit öftere und kostspielige Reinigungen der Klärbecken notwendig wären. Vor allen Dingen aber greifen nicht gut geklärte, schmutzige Wasser die Rohrleitungen und Maschinenteile, namentlich die Ventile an. Daher muß bei Anwendung eines solchen Stoffes dafür Sorge getragen werden, daß das Material nicht vom Wasser aufgelöst, sondern in Klumpen nur mechanisch mit fortgerissen wird. Der Mischprozeß von Wasser und Versatzmaterial muß hier möglichst schnell geführt werden. Außerdem ist es noch von Vorteil, eine Mischung mit anderen Stoffen, die diese Eigenschaften nicht besitzen, herzustellen.

In der Weise verfährt man z. B. auf dem gräflich Wilczkschen Dreifaltigkeitsschachte in Polnisch-Ostrau. Das Material besteht aus einer Mischung von:

35% Lehm,
25% Berge unter 80 mm Korngröße,
30% Sand, Kesselasche, Koksstaub,
10% Waschberge.

Die Mischung erfolgt im Grubenraume selbst erst und es werden dem Schlämmtrichter die einzelnen Posten in regelmäßiger Reihenfolge zugebracht. Die erzielten Resultate sind sehr zufriedenstellend.

Der bezüglich möglichst geringer Abnutzung der Rohrleitungen aufgestellten Bedingung genügt die Schlacke nicht, die jedoch mit Mergel oder Lehm vermengt gut brauchbar ist. Sie hat ferner noch den Nachteil hoher Porösität, und hat man daher noch abzuwarten, ob sie sich auf die Dauer bewähren wird; denn selbst fein granulierte Schlacke ist noch porös und wird sich mit der Zeit, namentlich wenn sie unvermischt verwandt wird, unter hohem Gebirgsdrucke wohl mehr oder weniger stark zusammendrücken lassen.

In sehr vielen Fällen wird das Haldenmaterial der früheren Grubenarbeiten als Spülgut gebraucht. Außer dem schon erwähnten Nachteil der meist notwendigen Zerkleinerung bedingt auch das höhere spezifische Gewicht eine etwas größere Wassermenge und der Gehalt an Salzen, zumal an Schwefelkies, ruft eine schnelle chemische Veränderung des Wassers hervor, die für die Pumpen schädlich wirkt. Außerdem sind die Halden für die Durchführung einer umfangreichen Spülversatzanlage meist nicht ausreichend und beginnen in vielen Grubendistrikten schon recht selten zu werden.

Ganz allgemein kann man nun sagen, daß sich unter Zuhilfenahme gewisser Vorsichtsmaßregeln, wie z. B. feiner Körnung, Filter und guter Klärung, Mischung usw., fast jedes Material, sei es nun Sand, Schlacke, Haldenberge, durch Steinbruch gewonnenes Material u. dgl. als Versatz mehr oder weniger gut verwenden läßt. Eine jede Grube wird daher in den meisten Fällen gut tun, wenn sie das in ihrem nächsten Bereiche vorhandene, wenn es in genügender Menge vorrätig ist, benutzt, ohne die Anlage großer Transportwege notwendig zu machen, die das Verfahren stark verteuern, vielleicht sogar unökonomisch machen würden.

In Oberschlesien verwendet man fast ausschließlich einen Sand, der wenig mit Ton vermengt ist und in großen Tagebauen gewonnen wird. Man rechnet daselbst auf 1 t Kohle etwa 0,8 — 1 cbm Sand. Hier ist der Spülversatz bereits in größtem Umfange eingeführt, da die großen Sandablagerungen des Buntsandsteines ein reichliches und gutes Material liefern.

In Mährisch- und Polnisch-Ostrau kommt allerhand Material zur Verwendung, so Sand, Kesselasche, Sandstein, Koksstaub, Halden- und Waschberge, sowie Lehm. Die Halden- und Waschberge müssen zuvor oft durch Zerkleinerungsmaschinen gebrochen werden.

Das letzterwähnte Material benutzt man auch in Zwickau, woselbst es aber nicht noch besonders gebrochen zu werden braucht, sondern durch einen saigeren Fall von über 200 m in trockenem Zustande im Schachte sich auf einem schnell gebildeten Bergepolster und auf starken Eisenbahnschienen selbst zerschlägt.

In Westfalen hat man Sand in nächster Nähe nicht zur Verfügung und ist daher auf Schlacken-, Halden- und Waschberge angewiesen. Diese bilden schon heute ein recht begehrtes Material, und auch die Spekulation beginnt sich ihrer zu bemächtigen. Daher hat sich in Westfalen das Spülversatzverfahren noch nicht in großem Umfange einführen können. Erst wenn man dazu übergehen wird, aus größerer Entfernung für mehrere Gruben zusammen das Material zu besorgen, wird auch hier sich der Betrieb in größerem Umfange entfalten können. Einen Anfang haben Zeche Prosper und Gelsenkirchener Bergwerks-Aktiengesellschaft gemacht, indem diese Gruben bereits Sand- und Mergel-Terrain in der Haardt, nördlich von Recklinghausen, in der Umgegend von Haltern zu Zwecken des Spülversatzverfahrens angekauft haben.

Im Saarrevier kommt neben den soeben angegebenen Stoffen in einigen Fällen, wie in Schlesien, Sand zur Verwendung. Hier hat man am Moorbachschacht, Grube Altenwald, einen Beweis für die geringeren Kosten des kalifornischen Spülverfahrens gegenüber dem Transport mit Wagen. Auf Grube Sulzbach im Lochwiesschacht lassen sich sogar die Bergeabgänge der Kokskohlenwäsche, die sehr locker und feinkörnig unter 35 mm sind, nach dem hydraulic mining in Gefluter spülen, die eine Neigung von 5^0—7^0 haben. Ein Druck von 2—5 at genügt hierzu. Am Venitzschachte in Sulzbach gelangt das Versatzgut in ähnlicher Weise wie in Zwickau trocken bis zur ersten Sohle, woselbst es auf eine Prellfläche fällt, sich zerschlägt und nun mit dem Wasser einer Sumpfstrecke in den Mischtrichter fließt.

2. Die Gewinnung, die Zerkleinerung und der Transport des Versatzgutes zum Schachte.

In dem vorigen Abschnitte hatten wir gesehen, daß die Art des Versatzgutes eine recht mannigfache sein kann. Je nachdem wir nun anstehendes, festes Gestein oder Halden oder Sand als Spülgut verwenden, sind natürlich auch die Gewinnungsmethoden verschieden.

Gewinnung des anstehenden festen Gesteines. Hierbei können zwei Möglichkeiten eintreten, nämlich die Gewinnung des Gesteines in den unterirdischen und diejenige in den Tagesbauen oder sog. Steinbrüchen. Die erstere Art kann nur insofern mit in Betracht gezogen werden, als man das in Untersuchungsbauen oder sonstigen Arbeiten im Tauben fallende Gestein mit zur Verspülung verwenden wird. Eigens zum Zwecke des Spülversatzes hingegen Bergemühlen unter Tage anzulegen, stößt auf zu große technische Schwierigkeiten und erfordert zu hohe Gewinnungskosten. Die Anlage von Steinbrüchen kann in manchen Fällen konvenierend sein und ist auch in ausgedehntem Maßstabe praktisch bereits in Russisch-Polen auf der Parisgrube bei Dombrowa, von französischen Ingenieuren desgl. auf verschiedenen französischen Gruben durchgeführt worden. Natürlich darf das auf diese Weise zu gewinnende Gestein nicht allzu hart sein, da sonst einerseits die Gewinnungskosten zu hoch werden, andererseits die Leistung des Steinbruchbetriebes nicht den Bedarf einer großen Spülversatzanlage würde decken können. Sandsteine, Kalke, Dolomite, Schiefer usw. werden in manchen Gegenden in dieser Weise zum Versatz gewonnen werden können, da bei ihnen die Schießarbeit oft gar nicht notwendig ist und nur die Keilhaue genügt, wie z. B. in Dombrowa, wo 1 cbm im Steinbruch gewonnenes Material, bis zum Schachte geschafft, nur durchschnittlich 0,60 M. kostet. Die Höhe der an Ort und Stelle zu zahlenden Löhne spielt gleichfalls eine wichtige Rolle.

Gewinnung von Halden. Die zahlreichen Halden der Gruben und Hütten, die oft bedeutende Dimensionen besitzen, liefern, wie schon früher erwähnt, ein Material, das sich mit gutem Erfolge schon oft in der Praxis bewährt hat. In den Revieren jedoch, in denen bereits heute Spülversatz umgeht, wird das Haldenmaterial schon ein sehr gesuchter Gegenstand. Zur Gewinnung dieses Stoffes sind meist die Verhältnisse günstig. In der Regel wird es sich nur um die gewöhnliche Wegfüllarbeit handeln; denn die Festigkeit ist keine hohe. Ja manchmal genügt sogar das kalifornische Spülverfahren, um die losen Aschen- und Bergeteilchen loszulösen und wegzuschwemmen, wofür im vorigen Abschnitte bereits ein Beispiel erwähnt wurde und was für Pennsylvanien geradezu typisch ist.

Gewinnung von Sand. Der Sand ist der beste und am meisten verwendete Versatzstoff, dessen Gewinnung sich am billigsten stellt. Zwei Methoden stehen namentlich in Anwendung, nämlich das kalifornische Sandspülverfahren und der Baggerbetrieb, von welchen beiden wieder die erstere die billigste ist.

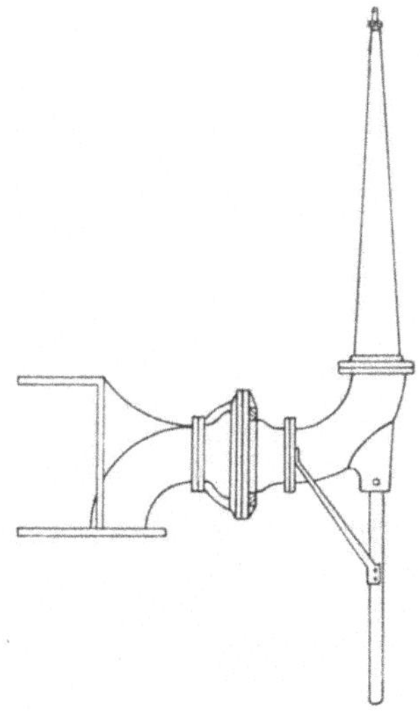

Fig. 1.

Das Sandspülverfahren (hydraulic mining) ist in den Goldfeldern Kaliforniens und Australiens in umfangreicher Anwendung und besteht darin, daß aus Hydranten oder Schläuchen mit Mundstücken Druckwasser gegen einen Sandstoß gespritzt wird, welches letzteren unterwühlt und so zum Einsturze bringt. Fig. 1 zeigt einen solchen Hydranten der Firma Gebr. Körting, Hannover, der vorteilhafterweise auch bei hohem Wasserdrucke in jeder Höhe und Richtung leicht eingestellt werden kann. Der lose Sand fließt dann mit dem Wasser vermengt in sogenannte Gefluter, die aus Holz oder Eisenblech hergestellt werden und bis zum Schachte führen. Auf der Konkordiagrube in Oberschlesien ergibt sich für 1 cbm Sand bei Gewinnung nach dem kalifornischen Spülverfahren eine Ersparnis von 7,7 Pf. gegenüber der Baggergewinnung.

Die andere Methode der Sandgewinnung ist die des Baggerbetriebes. Sowohl Hoch- als auch Tiefbagger stehen vielfach in Anwendung, so in Deutschland namentlich in Schlesien. Der Antrieb kann durch Elektrizität oder Dampf erfolgen und die Leistung eines solchen Baggers erreicht oft 300 cbm stündlich. Der Bagger fährt auf Schienen dem Sandstoße entlang. Auf seine Betriebsweise kann hier nicht näher eingegangen werden. Schwierigkeiten bei der Sandgewinnung entstehen im Winter durch die Einwirkungen des Frostes. Mit Erfolg ist man jedoch

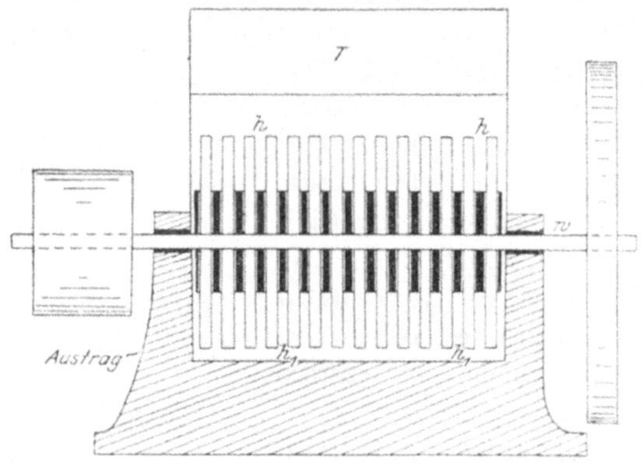

Fig. 2.

diesen dadurch entgegengetreten, daß man heiße Kesselasche auf den Rand des Baggerstoßes geführt und auch die Transportwagen geheizt hat.

Das durch Steinbruch gewonnene Material sowie die Haldenberge werden meist einem Zerkleinerungsprozesse unterworfen werden müssen, ehe sie zum Versatze dienen können. Für diese Arbeit kommen die nachfolgenden Apparate in Frage. Die Backen- oder Steinbrecher eignen sich besonders für die Hochofenschlacke sowie für grobes Haldenmaterial und sonstiges festes Gestein, wenn nicht zu hohe Leistungen und zu kleine Korngrößen erforderlich sind. Für den gegenteiligen Fall indessen, also für hohe Leistungen und kleinere Korngrößen, baut die Maschinenbauanstalt „Humboldt“ in Kalk bei Köln einen sehr brauchbaren Apparat, den Kreiselbrecher, bei welchem die Zerkleinerung zwischen einem in einer Kreisbahn schwingenden Brechkegel und einem diesen umgebenden Brechzylinder vor sich geht. Diese Apparate werden bis zu einer Stundenleistung von 100 t gebaut. Für weicheres, mittelhartes Material wendet man Zahn- oder auch Rippenwalzwerke und Schraubenmühlen an. Schließlich können auch Glockenmühlen manchmal brauchbar sein. Der Einbau dieser Apparate in bestehende Anlagen ruft keine besonderen Schwierigkeiten hervor. Für die Zerkleinerung von Lehm empfehlen sich Schneidemaschinen oder bewegliche Roste mit Schneidemessern. In Pennsylvanien, z. B. auf der Black-Diamond Colliery, wo man Tonschiefer verspült, steht der im Prinzipe in Fig. 2 wiedergegebene Apparat in Anwendung, Die horizontale Welle w trägt sechs Reihen von Hartstahlhämmern (h, h_1), zwischen die das Gut durch den Einlauftrichter T fällt. Die Welle macht 900 Touren pro Minute und die Leistung des Apparates ist etwa 30 t pro Stunde.

Ist nun das Material hereingewonnen und auf die erforderliche Korngröße gebracht worden, so gewinnt die Frage des Transportes zum Schachte an Interesse. Die hier in den Gesichtskreis der Betrachtung zu ziehenden Möglichkeiten sind zahlreich und hängen sie in erster Linie von der Länge des Weges ab.

Für kleinere Entfernungen werden oft Bandtransporte anwendbar sein, oder es können auch die verschiedenen Systeme der Förderrinnen mit Schnecken gute Dienste tun. Auf mittlere Entfernungen kämen Seilbahnen mit Seil oder Kette ohne Ende in Frage und das kalifornische Spülverfahren in Verbindung mit offenen Geflutern aus Eisenblechen oder Holz. Eine solche Rinne, die der Donnersmarckhütte in Zabrze (O.-S.) patentiert ist, zeigt beispielweise Fig. 3. Dadurch, daß der Flügel a der Rinne umgebogen ist und in die Sandwand eindringt, wird verhindert, daß das Spülwasser die Rinne unterwühlt. Auf dem sanft geneigten Teile fließt das Versatzgut,

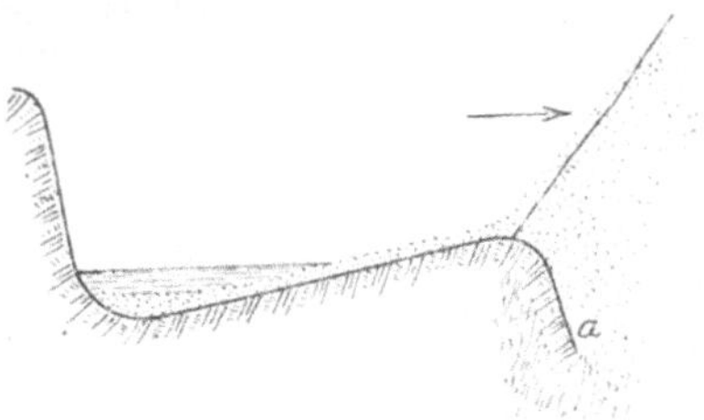

Fig. 3.

der Sand, in die Rinne und prallt an der steilen Wand ab in dieselbe zurück. Durch diesen Rückfall wird sowohl die Mischung des Gutes mit dem Wasser, als auch sein Transport günstig beeinflußt. Bei noch größeren Distanzen, etwa 600 m, schaltet man in die Rohrtouren elektrisch betriebene Kreiselpumpen ein. Den in diesen Fällen geschlossenen Rohren gibt man 0,5 m Durchmesser und vermeidet sorgfältig Steigungen und Krümmungen.

Auf die größten Entfernungen endlich kommt der Transport durch Drahtseilbahnen, durch die Eisenbahn und durchs Schiff in Frage. Letzterer ist wohl der am seltensten mögliche, wohingegen der Luftbahntransport für größere Unternehmungen in vielen Fällen der geeignetste und billigste sein kann, wie z. B. auf Grube Reden, Saarrevier. Bei dem Eisenbahntransport kann manchmal die Staatsbahn zur Benutzung herangezogen werden und schließlich auch der Bau einer zu Zwecken des Spülversatzes dienenden eigenen Bahn rentabel sein. Bei der Benutzung der Staatsbahn kommt der für den Transport von Stoffen zum Spülversatz allgemein gültige Ausnahmetarif 2h in Betracht, der seit dem 1. Januar 1905 in Gültigkeit getreten ist. Derselbe lautet wie folgt:

Ausnahmetarif 2h

für

Stoffe zum Spülversatz im Bergwerksbetriebe,

als Erde, gewöhnliche, Kies, Grand, Sand, Ton, Lehm, Schlamm, Schutt, Steingerölle (Haldenmassen, Waschberge, Abhub der Erzwäschen, Bauschutt, Abraum von Steinbrüchen), Schlacken, Schlackensand, Schlackenkies, Asche aller Art

nach den Stationen:

Altenessen	Buer	Eving
Annen-Nord	Carnap	Fintrop
„ -Süd	Castrop	Gelsenkirchen
Aplerbeck	Caternberg-Nord	Gladbeck
Barop	Courl	Haßlinghausen
Berge-Borbeck	Dahlbusch-Rotthausen	Heissen
Bismarck i. W.	Dahlhausen-Ruhr	Herne
Blankenstein R.	Derne	Hiddinghausen
Bochum-Nord	Dinslaken	Hörde
„ -Süd	Dortmund K. M.	„ -Hacheney
Bodelschwingh	„ Rgbhf.	Holzwickede
Bönen	Dortmunderfeld	Horst i. W.
Bommern	Ermelinghof	Hugo
Bottrop-Süd	Essen Hptbhf.	Kamen
Bredenscheid	„ -Nord	Kray-Nord

Kupferdreh	Osterfeld-Süd	Sterkrade
Laer	Präsident	Stockum
Langendreer-Nord	Preußen	Styrum
„ -Süd	Prinz von Preußen	Überruhr
Löttringhausen	Rauxel	Uckendorf-Wattensch.
Lütgendortmund	Recklinghausen etc.	Unna
Marten	Riemke	„ -Königsborn
Matth. Stinnes	Rüttenscheid	Vogelheim
Meiderich	Schalke	Wanne
Mengede	„ -Süd	Wattenscheid
Merklinde	Schee	Weitmar
Mülheim a. d. R.	Silschede	Werden
Neumühl	Sinsen	Wickede-Asseln
Nierenhof	Sprockhövel	Wiemelhausen
Oberhausen	Steele-Nord	Witten-West

Anwendungsbedingungen:

1. Die Sendungen müssen an ein Bergwerk gerichtet und im Frachtbrief als zum Spülversatz im Bergwerksbetriebe bestimmt bezeichnet sein.
2. Auflieferung von gleichzeitig mindestens 200 t von einem Versender an einen Empfänger oder von gleichzeitig mindestens 300 t von einem Versender an mehrere Empfänger derselben Station.
3. Frachtzahlung mindestens für das Ladegewicht der gestellten Wagen, wobei für Wagen mit anderem Ladegewicht als 10, 12,5 und 15 t

das Ladegewicht von mehr als 10 aber weniger als 12,5 t nur für 10 t
„ „ „ „ „ 12,5 „ „ „ 15 t „ „ 12,5 t

gerechnet wird.

Frachtberechnung: Die Fracht wird nach den Entfernungen des Kilometerzeigers (E) und den folgenden Frachtsätzen berechnet. Außerdem werden die Anschlußfrachten für die Beförderung von den Verladestellen nach der Versandstation und von der Empfangsstation nach den Zechen (Gruben) erhoben.

Auf eine Entfernung von km	Frachtsatz für 10 t Mk.	Auf eine Entfernung von km	Frachtsatz für 10 t Mk.
1— 3	3.—	98—106	15.—
4— 9	4.—	107—115	16.—
10—16	5.—	116—124	17.—
17—24	6.—	125—133	18.—
25—33	7.—	134—142	19.—
34—42	8.—	143—151	20.—
43—51	9.—	152—160	21.—
52—60	10.—	161—169	22.—
61—69	11.—	170—179	23.—
70—79	12.—	180—188	24.—
80—88	13.—	189—197	25.—
89—97	14.—	198—200	26.—

Allem Anscheine nach ist dieser Tarif jedoch noch ungeeignet und verursacht zu hohe Kosten für die Grubenverwaltungen, da er nach Wissen des Verfassers noch nirgendwo in Kraft getreten ist; namentlich gilt dies für Entfernungen von über 15 km.

Ist die Benutzung der Staatsbahn nicht möglich, so kann endlich der Entschluß gefaßt werden, eine eigene Bahn zu bauen. Dies ist natürlich wegen der hohen Kosten nur für die größten Betriebe durchführbar. Eine solche Bahn auf die bedeutende Länge von 13 km ist für das staatliche Steinkohlenbergwerk Königin Luise bei Zabrze (O.-S.) neuerdings unter einem Kostenaufwand von etwa 2,3 Millionen Mark gebaut worden. Da durch diese umfangreiche Einführung des Spülversatzes die Lebensdauer der Grube von 22 Jahren auf 46 vermehrt wurde bei einer Jahresförderung von 2,83 Millionen Tonnen, so erkennt man schon aus diesen wenigen Zahlen, welchen Vorteil die Bahn bringt.

Um aber auch kleineren Werken weiter entfernt gelegene Sandflächen zugänglich zu machen, wäre es vorteilhaft, wenn sich solche Gruben zum Bau einer gemeinschaftlichen Bahn zusammenschlössen, um auf diese Weise auch den Spülversatz in großem Maßstabe betreiben zu können und die Lebensdauer ihrer Gruben zu verlängern. Ein solches Projekt für die Beschaffung von Spülsand für den gesamten oberschlesischen Bergbaubezirk aus weiterer Ferne soll bereits in Arbeit sein. Das gleiche würde sich für Westfalen sowohl, als auch für das Saarrevier empfehlen, da dort in den Grubendistrikten selbst ein hinreichendes und geeignetes Material für großen Konsum nicht vorhanden ist. Auch die Eisenbahnverwaltung könnte hier sehr fördernd wirken, wenn sie ihrem Sondertarif 2h für Spülversatzmaterial eine günstigere Fassung gäbe.

Wichtig für den Massentransport von Spülgut in der beschriebenen Weise ist eine günstige Selbstentladevorrichtung der Wagen, um an Zeit und Personal zu sparen. Ferner sind Räume vorzusehen, in denen das Gut aufgestapelt werden kann, wenn irgendwelche Unregelmäßigkeiten im Betriebe eintreten.

3. Die Aufgabevorrichtungen für das Versatzmaterial.

Nachdem das Versatzgut auf irgend eine Weise zum Schachte geschafft worden ist, wird es daselbst den sogenannten Aufgabevorrichtungen übergeben. Man kann dieselben in solche mit kontinuierlichem Betriebe und in solche mit unterbrochenem unterscheiden. Der Begriff des Wortes „kontinuierlich" ist allerdings nur in beschränktem Sinne zu verstehen, wie man bald erkennen wird. Naturgemäß ist solchen kontinuierlichen Betrieben der Vorzug zu geben, und namentlich dort, wo man über die Versuchsstadien hinaus ist und größere Anlagen bauen will, sollte man vorteilhafterweise nur solche anwenden. Bei ihnen kann man durch Stellung eines Schiebers oder eines Ventils den Ausfluß des Gutes aus einem größeren Vorratsraume nach Wunsch regeln und erzielt so nicht nur leicht eine sehr gleichmäßige Materialaufgabe, sondern auch die Wasserzuführung läßt sich bequem ständig so regulieren, daß stets das denkbar günstigste Mischungsverhältnis zwischen Wasser und Versatz eintritt und dauernd gewahrt bleibt.

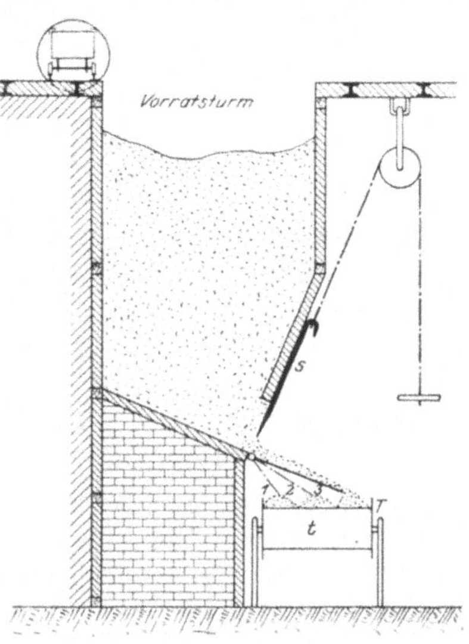

Fig. 4.

Sehr zweckmäßig sind z. B. die diesbezüglichen Einrichtungen in Zwickau beim Erzgebirgischen Steinkohlen-Aktien-Verein. Dort ist über Tage dicht am Schachte ein Vorratsturm errichtet, der ein Fassungsvermögen von etwa 200 cbm besitzt. An der unten befindlichen, trichterförmigen Verjüngung sind drei Schieber angebracht, die den Materialausfluß regulieren. Der Boden des Turmes hat geringe Neigung, und in seiner Verlängerung befinden sich unter den Schiebern Bleche, die unter verschiedenen Winkeln stehen. Dadurch erzielt man, wie aus dem schematischen Seitenriß Fig. 4 ersichtlich ist, eine höchst gleichmäßige Aufgabe auf ein elektrisch angetriebenes Transportband. Letzteres Band ohne Ende, welches in seiner Bewegungsrichtung ansteigt und über zwei Zylinderräder gespannt ist, besitzt seitliche Bordbretter, die dem Gute sich auf eine gewisse Höhe anzustauen gestatten. Wird nun das Transportband in Bewegung gesetzt, so muß natürlich der von dem Trichter, in den das Band schüttet, am weitesten entfernt gelegene Schieber zuerst geöffnet werden. Dies kann nun Nr. 1 oder 3 der Figur sein. Die anderen folgen dann gemäß dem Laufe des Bandes der Reihe nach. Das Versatzgut fällt über einen Rost in einen Trichter, an den sich eine saigere Rohrtour anschließt. Erst wenn der Vorratsturm gänzlich gefüllt ist, wird verspült. Während des Spülens können dann immer noch einige Wagen oben in den Turm gefüllt werden, so daß man über 200 cbm Versatzmaterial auf einmal zu versetzen vermag. Insofern tritt also eine Unterbrechung des Betriebes ein, als immer der Turm erst angefüllt wird, ehe man verspült; dann stehen aber 200 cbm Berge zur Verfügung.

Dies ist bei den anderen dem Verfasser bekannt gewordenen Aufgabevorrichtungen nicht der Fall.

In den meisten Fällen hat man kleinere Vorratstaschen in den Gruben selbst angelegt, die durch Aufbrechen von kleinen, saigeren oder auch tonnenlägigen Schächten gewonnen wurden. Umständlich und die Schachtförderung störend ist natürlich das Füllen dieser Vorratskästen, die sich nach unten hin ebenfalls trichter- oder kegelförmig verjüngen. Da in der Grube, namentlich in den Kohlengruben, meist nicht soviel Berge fallen, als für den Versatz benötigt werden, so muß die Förderung durch den Schacht erfolgen. Es werden ein oder mehrere Hunde in die Vorratstasche gestürzt und dann sofort verspült. Natürlich ist es hier schwer, stets das richtige Wasserquantum hinzuzugeben, und wird daher auch der Wasserverbrauch dem wahren Bedürfnis niemals so angepaßt sein wie bei der Zwickauer Einrichtnng. Deshalb können solche Vorrichtungen nur zu Versuchen und vorübergehenden Zwecken dienen und werden sie stets ungünstigere Resultate erzielen als die großen Anlagen.

In den soeben erwähnten Fällen schafft man also das

Material in Hunten durch den Hauptschacht, die Querschläge und Förderstrecken zu diesen Vorratstaschen hin, während in Oberschlesien und Zwickau meist gleich von über Tage her das Material durch die Rohre zu den Verbrauchsstellen gelangt und so die Schacht- und Streckenförderung nicht beeinträchtigt. Wo man große Abbaufelder zu verspülen beabsichtigt, so daß sich eine große Anlage, die viele Jahre in Gebrauch stehen soll, verlohnt, erscheint die letztere Methode den Vorzug zu verdienen, insofern nicht zu große Teufen Schwierigkeiten hervorrufen. Jedoch verspült man heute schon ohne Schwierigkeiten nach dieser Methode bis zu 410 m, eine Teufe, die man in Niederschlesien auf dem Steinkohlenwerk „Ver. Glückhilf-Friedenshoffnung“ erreicht hat.

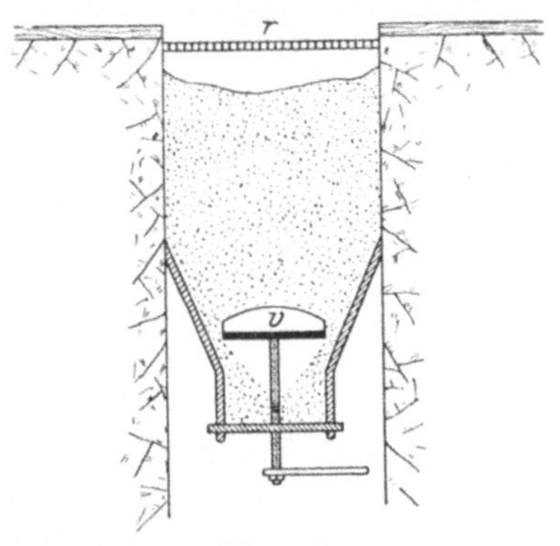

Fig. 5.

Zum Ausstürzen der Hunte in die Aufgabevorrichtungen bedient man sich der Kreisel- oder bei Platzmangel der Kopfwipper.

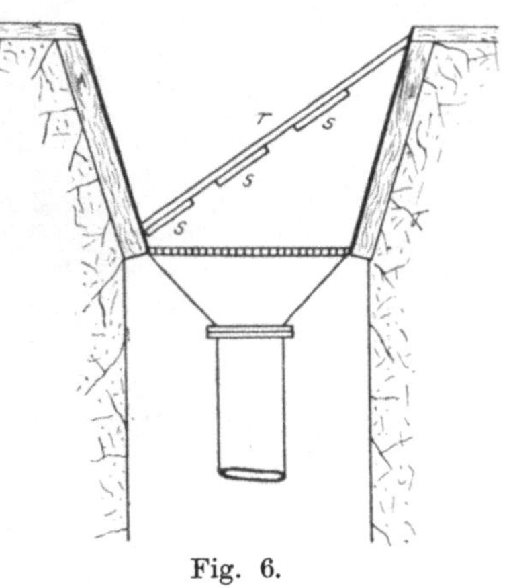

Fig. 6.

Um eine gleichmäßige Aufgabe aus dem Vorratsbehälter auf den darunter befindlichen Rost und in die durch einen kleinen Trichter, meist den Mischtrichter, anschließende Rohrleitung zu erzielen, verwendet man außer Schiebern, deren Bewegungseinrichtungen nach dem Geschmacke des jeweiligen Betriebsleiters und nach örtlichen Verhältnissen viele Variationen zulassen, auch oft die in Fig. 5 wiedergegebene, nach Art eines Kegelventiles konstruierte Einrichtung. Derartige Vorrichtungen trifft man in Westfalen an.

Fig. 7.

Noch ungünstiger aber als diese kleinen Vorratstaschen unter Tage sind solche Anlagen, die lediglich einen Aufgabetrichter von etwa 0,5—1 cbm Fassungsvermögen haben, so daß sie also immer nur einen Hunt aufnehmen können, während der nächste erst nach der vollständigen Entleerung des Trichters aufgegeben wird, wie dies z. B. in Westfalen der Fall ist, wo es sich um kleinere Anlagen handelt. In diesen Einrichtungen erfolgt eine möglichst gleichmäßige Aufgabe oft mit Hilfe eines sogenannten Regulierbodens, der schräg in den Trichter eingebaut ist und mehrere Schieber besitzt. Ist das Gut auf diesen Regulierboden ausgeschüttet, so werden die Schieber der Reihe nach gezogen (Fig. 6).

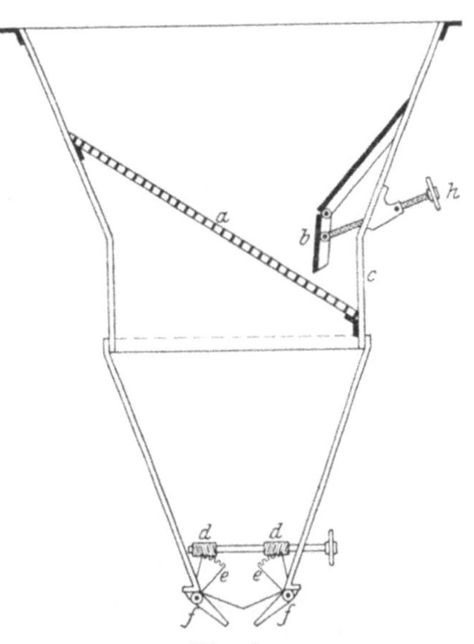

Fig. 8.

Ein sehr sinnreich eingerichteter Aufgabetrichter ist der Armaturenfabrik „Westfalia" zu Gelsenkirchen patentiert, den wir in den Fig. 7 u. 8 wiedergegeben haben. Derselbe enthält einen schräg gestellten Rost *a* und eine Klappe *b*, deren Bewegung durch ein Handrad *h* mit Schraubenspindel erwirkt wird. Mittels dieser Einrichtung werden Stauungen auf dem Roste beseitigt. Zu grobes Korn geht durch die Austrageöffnung *c* auf eine anschließende Rutsche ab. In dem untersten Teile des Trichters befindet sich eine Spindel mit zwei gegenläufigen Schnecken *dd*, die mittels der Schneckenradsegmente *ee* die beiden Klappen *ff* in Bewegung versetzen und die gewünschte Größe der Ausflußöffnung herstellen. Auf den zugehörigen Mischtrichter kommen wir später zurück.

Einen von der Maschinenbauanstalt Humboldt in Kalk bei Köln konstruierten Apparat zeigt uns im Prinzipe Fig. 9.

Aus dem Trichter T fällt das Gut auf den rotierenden Abstreichteller a und wird von diesem durch die Abstreicher b, b_1 abgestrichen. Die Rutschen B und B_1 führen den Materialstrom, nachdem er noch vorher durch die Bleche C und C_1 geteilt worden ist, auf den Rost des eigentlichen Mischtrichters, in dem dann der Wasserzufluß erfolgt.

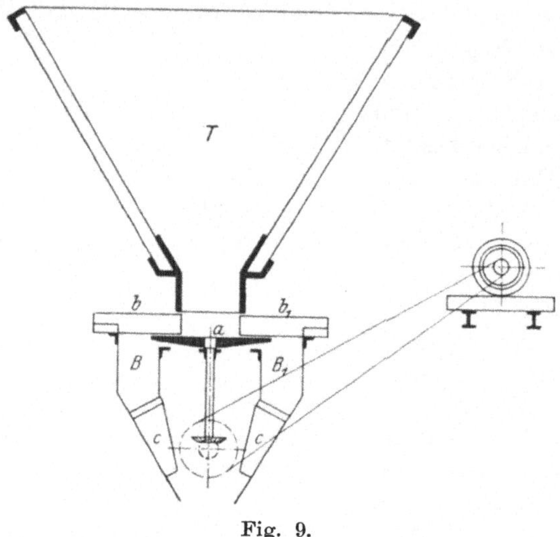

Fig. 9.

Diese Einrichtungen ohne Verbindung mit größeren Vorratsbehältern werden sich künftighin nur noch dort rationell verwenden lassen, wo es sich darum handelt, nur einige wenige und kleinere Abbaufelder zu verspülen, sich eine größere Anlage jedoch nicht verlohnt.

4. Mischtrichter, Trockenleitungen und Roste.

Wir hatten den Weg des Versatzgutes bis zum Vorratsturme verfolgt und auch schon den Trichter erwähnt, in den es bei Nichtvorhandensein eines Turmes unmittelbar gestürzt wird. Aus diesem fällt das Spülgut nunmehr in den sogenannten Mischtrichter, in dem die Vereinigung mit dem Wasser erfolgt.

Dieser hat gemäß der Größe der Anlage abweichende

Dimensionen und schwankt die größte lichte Weite zwischen 1,5 und 2,5 m.

Ebenso ist seine *Form* sehr mannigfaltig. Bald ist der Querschnitt rechteckig, bald bildet er ein Polygon oder einen Kreis. Auch sind solche Trichter im Gebrauch, die oben ein Rechteck oder Polygon bilden, weiter unten aber in einen kreisförmigen Querschnitt übergehen und sich nach und nach immer mehr verjüngen bis zum anschließenden Querschnitt der Rohrtour.

Das *Material*, aus dem die Trichter gefertigt werden, ist gleichfalls verschieden. Es gibt solche, die aus Ziegel- oder aus Hausteinen bestehen und auf der Innenseite mit Zement verkleidet sind; ferner findet man aus Holz gezimmerte mit Eisenblechverkleidung und solche aus Beton. Auch hinsichtlich des Materiales kommen Kombinationen vor. So hat z. B. Zeche Westende zu Meiderich, Westfalen, einen Trichter, der oben rechteckigen Querschnitt von 1,6:2,2 m besitzt und hier aus Ziegelmauerung mit innerem Zementverputz besteht. Weiter unten geht er in einen Eisenkegel von 0,9 m Durchmesser über, der sich bis zum anschließenden Rohrdurchmesser von 0,2 m verjüngt.

Weder *Querschnittsform* noch *Material* besitzen besondere Bedeutung. Wesentlich ist nur, daß die Trichter derart geneigte Wände erhalten, daß die *Versatzmassen leicht ohne Nachhilfe in die Rohrleitung nachrutschen*. Daher empfiehlt es sich stets, die Innenwände möglichst glatt zu halten, sie also mit Zementputz oder mit Eisenplatten zu versehen. Letzteres macht man vorteilhafterweise auch bei den trichterförmigen Verjüngungen der Vorratsbehälter.

Bringt man das Versatzgut auch bei beträchtlichen Teufen von über Tage her schon durch Rohrtouren in die Grube, so baut man den Mischtrichter meist auf irgend einer günstig gelegenen Sohle direkt am Schachte ein. Bis dorthin fällt dann das Spülgut trocken in dem Schachte herunter, wie z. B. in Zwickau. Die Halden- und Waschberge werden am Schachte von dem schon früher einmal erwähnten Transportbande in einen Trichter gestürzt und gelangen aus diesem in die anschließende, saigere Rohrtour. Die dort über dem Mischtrichter vorhandene sinnreiche Einrichtung macht die sonst bei Haldenbergen notwendigen Zerkleinerungsapparate unnötig. Durch den hohen, saigeren Sturz von dem soeben erwähnten Trichter über Tage durch den Schacht bis zum Mischtrichter zerkleinern sich die Halden- und die Waschberge beim Aufschlagen in dem sogenannten Prellkasten von selbst. Fig. 10 zeigt schematisch diesen Prellkasten so, wie er heute nach vielfachen Umänderungen gebaut wird. Bei *e*, wo die Berge aufschlagen, befinden sich zwei kräftige Eisenbahnschienen. Beim Stürzen der Berge bildet sich zwischen und auf den Schienen sofort ein Bergepolster, auf dem sich dann die nachfolgenden Mengen zerschlagen. Der rund herum geschlossene, nur vorn offene Kasten hat fast gar nicht unter Verschleiß zu leiden, da sich an allen Wänden sehr bald eine fingerdicke Bergekruste bildet, die dann vor Reibungen schützt. Früher hatte man auswechselbare Eisenplatten und dergleichen mehr an der Aufschlagstelle zu verwenden versucht, doch alles mit negativem Erfolge. Die beschriebene Methode hat sich sehr gut bewährt.

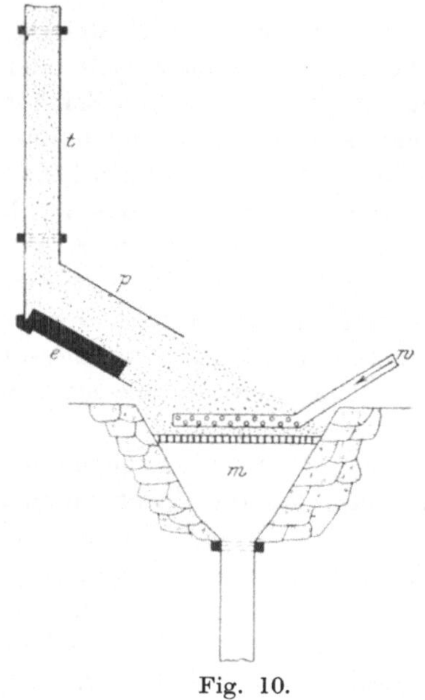

Fig. 10.

Eine andere Einrichtung, bei der ebenfalls das Versatzgut, ehe es zum Mischtrichter gelangt, in trockenem oder doch wenigstens nur angefeuchtetem Zustande einen längeren Weg durch Grubenbaue zurücklegen muß, wie in Zwickau, finden wir bei den Schwesterschächten des Steinkohlenbergwerks Ver. Glückhilf-Friedenshoffnung bei Hermsdorf, Bergrevier West-Waldenburg. Hier ist der Trockenweg ein horizontaler. Nachdem das Gut durch ein um 30° geneigtes Sieb von 80 mm Maschenweite in zwei Posten getrennt worden ist, gelangt das Grobkorn in einen Steinbrecher. Der Durchgang des Steinbrechers vereinigt sich dann wieder mit dem Durchgang des

Siebes in einer Transportrinne, die aus zwei Teilen besteht und insgesamt 156 m Länge hat. Diese Rinne schüttet dann unmittelbar in den Mischtrichter aus, der hier ein Zylinder von 1 m Durchmesser ist.

Solche Trockenbahnen machen sich auch dann oft notwendig, wenn man das Gut gleich über Tage in die Rohrtour aufgibt und man das Spülwasser nicht bis über Tage wieder heben kann oder will oder auch der Zufluß des Wassers aus der Grube selbst erfolgt. Letzteres ist beispielsweise am Venitzschachte in Sulzbach (Saarrevier) der Fall, wo das Gut trocken bis zur ersten Sohle fällt und dort erst mit dem Wasser, das aus einer alten Rösche zufließt, vermengt wird.

In der ganzen Spülversatzanlage kommen mehrfach Roste zur Verwendung. Entweder in dem Aufgabe- oder in dem Mischtrichter ist ein solcher eingebaut, damit nur das Korn in die Spülrohrleitung einläuft, welches die gewünschte Korngröße hat, um so Verstopfungen entgegenzuarbeiten. In den meisten Fällen sind die Roste aus sich recht- oder schiefwinklig kreuzenden Stäben aus Flach- oder Walzeneisen gebaut, deren Maschenweite sich nach der jeweilig gewünschten Korngröße des Versatzgutes richtet (Fig. 12, 15 u. 16). Empfehlenswert sind die öfter anzutreffenden Vorrichtungen, durch welche die Maschenweite beliebig geändert werden kann.

Auch starke, gelochte Bleche findet man bisweilen im Gebrauch; z. B. hat Grube Altenwald, Saarrevier, ein 1 cm starkes Eisenblech, in dem sich 7,5 cm weite, runde Löcher befinden.

Man verlagert die Roste in den Trichtern gewöhnlich auf Winkeleisen.

5. Die Wasserzuführungsvorrichtungen.

In den soeben besprochenen Mischtrichtern vollzieht sich nun die Mischung des Versatzgutes mit dem Wasser. Dieser Prozeß ist von höchster Wichtigkeit und in dieser Erkenntnis findet man denn auch in der Praxis die mannigfachsten Mittel versucht, um denselben zu gutem Gelingen zu führen.

Eine gute Aufgabevorrichtung des Wassers muß sowohl den ganzen Rostquerschnitt besprengen als auch dem Wasser gestatten, innig in die Versatzmasse einzudringen, um selbst die feinsten Körnchen ordentlich zu durchtränken. Diejenige Einrichtung ist nun, vom praktischen Standpunkte aus betrachtet, als die beste zu bezeichnen, welche, ohne einen komplizierten Bau zu besitzen, die innigste Mischung erzielt und den geringsten Wasserverbrauch benötigt.

In der Praxis wird sich im allgemeinen dies schwer feststellen lassen, und so ist denn jede derartige Einrichtung gut und brauchbar zu nennen, solange als wie sich keine erheblichen Nachteile geltend machen und infolgedessen auch keine Verstopfungen vorkommen, die auf eine mangelhafte Wasserzuführung zurückzuführen wären.

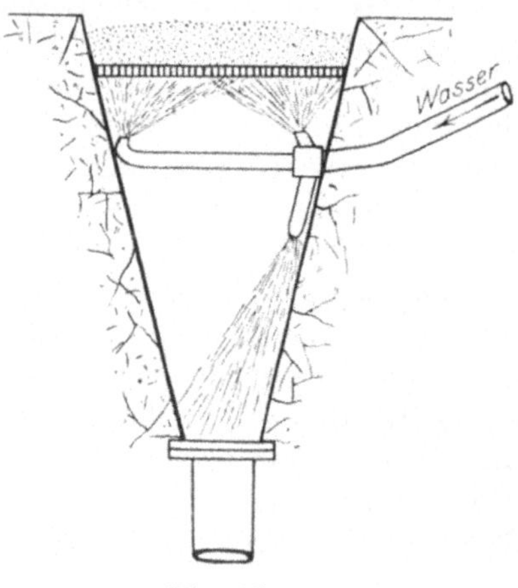

Fig. 11.

Wir nehmen nun zunächst an, daß wir am Mischtrichter einen Wasserstrom zur Verfügung haben. Über seine Herkunft, seinen Zustand usw. werden wir uns in einem späteren Abschnitte Rechenschaft ablegen.

Die Wasserzuführungsrohre münden entweder über oder unter oder auch auf beiden Seiten des Rostes in den Mischtrichter. Man findet hier oft recht umständliche Konstruktionen, die aber kaum besondere Vorzüge gegenüber anderen einfachen Systemen haben dürften. So hat man z. B. auf dem Dreifaltigkeitsschachte im österreichischen Steinkohlenbezirke zu Ostrau folgende Einrichtung (Fig. 11). Die von dem Wasserreservoir zum Mischtrichter führende Rohrleitung teilt sich an letzterem in drei Stränge, die alle drei unter dem Roste in den Trichter münden. Zwei von ihnen haben nach oben gebogene Mündungen und stehen sich gegenüber; die dritte ist abwärts gebogen und dient vornehmlich Hilfszwecken. Die beiden gegeneinander gerichteten Düsen erzeugen beim Ausströmen des Wassers einen Sprudel, der das auf den Rost gelangende Material in die Höhe wirbelt und auf diese Weise innig mit Wasser vermischt. An Stelle der beiden gegenüberstehenden Düsen findet man auch drei und mehr sich entgegenströmende Strahlen und haben sich derartige Einrichtungen gut bewährt. Das gleiche Resultat wird ebenfalls erzielt, wenn man den Wasserstrahl gegen eine Eisenplatte richtet.

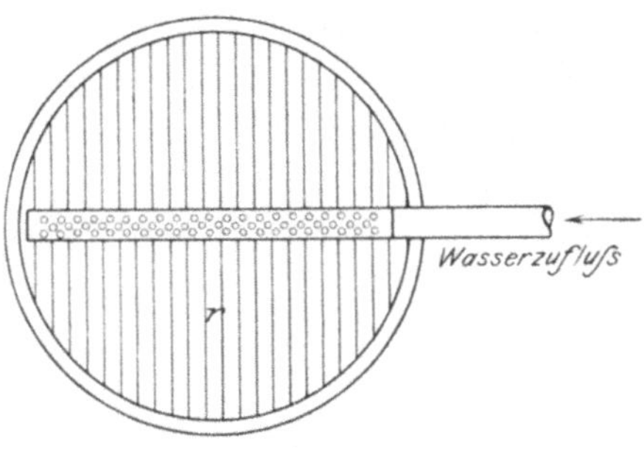

Fig. 12.

In Zwickau benutzt man ein einfaches, gerades Rohr (Fig. 12) mit vielen Öffnungen und ist mit seiner Wirkungsweise gut zufrieden. Das Rohr liegt hier horizontal über dem Rost, während es auf anderen Gruben senkrecht durch den Trichter hindurchführt (Fig. 13) und bis nahe an das an denselben anschließende Versatzrohr reicht. Letztere

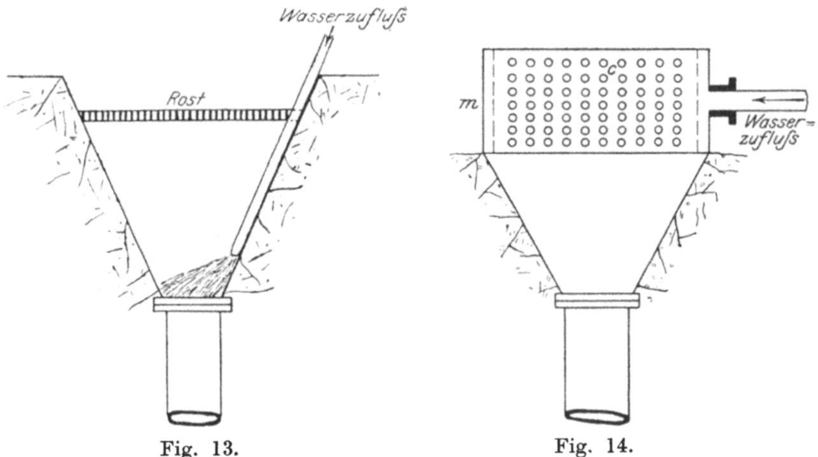

Fig. 13. Fig. 14.

Methode, wie man sie z. B. auf Zeche Hibernia in Westfalen antrifft, ist vielleicht die am wenigsten günstige.

Bei einer anderen Konstruktion mündet das Rohr in einen Mantel (Fig. 14), der einen Zylinder umgibt, welcher mittelst eines kleinen Trichters an die Rohrleitung anschließt. Das

Wasser tritt hier ebenfalls aus zahlreichen kleinen Öffnungen aus, die Durchmesser von 5—20 mm haben und sich gewöhnlich gegenüberstehen.

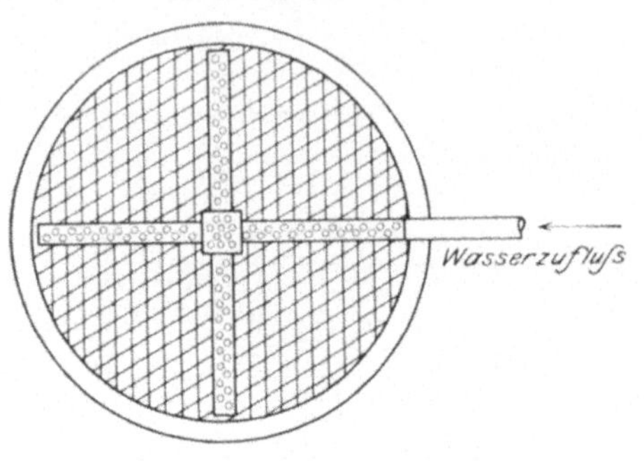

Fig. 15.

An anderen Orten, z. B. auf Schacht I u. II der Gewerkschaft „Deutscher Kaiser“ in Westfalen, hat man kreuz- oder kreisförmige, horizontalliegende Spritzrohre mit gleichfalls zahlreichen Öffnungen (Fig. 15 u. 16).

Ferner sei ein Mischgefäß kurz erwähnt, welches man auf dem Steinkohlenwerk Hedwigswunsch bei Biskupitz, Bergrevier Nord-Gleiwitz neuerdings hergestellt hat (Fig. 17). Auf dem Boden des Vorratsraumes steht ein Kegelrost (*r*),

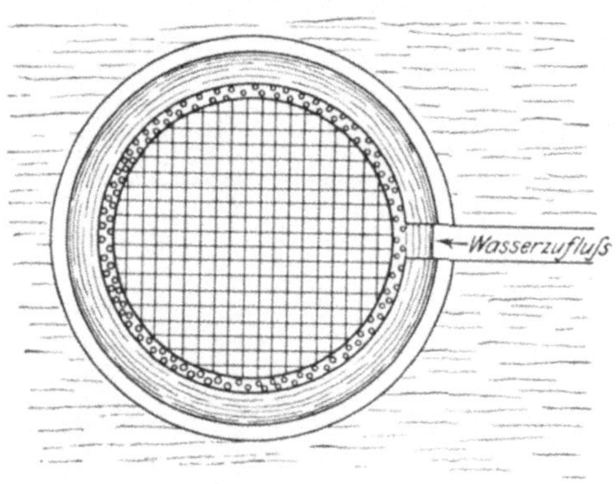

Fig. 16.

den ein Mauerring (*m*) zylinderförmig umgibt. Zwischen dem starken Dache (*d*) und der Oberkante des Mauerringes (*m*) rotieren zwei Rohre (*e*, *f*), deren Wasserstrahlen die Versatzmassen unten abspülen und durch den Rost drängen. Etwas tiefer drehen sich gleichfalls zwei Rohre, aus denen vier Strahlen austreten, die den Rost von größeren Stücken Lehm durch

Zerkleinern derselben säubern. Das Versatzrohr schließt sich im Zentrum des Rostkegels an. Die Einrichtung arbeitet gut.

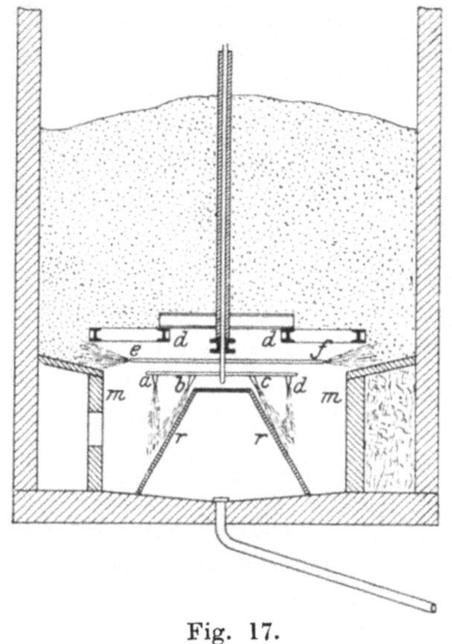

Fig. 17.

Die Wasserzuführung in dem Mischtrichter der Armaturenfabrik Westfalia zu Gelsenkirchen zeigen uns die Fig. 18 u. 19. Der Mischtrichter besitzt einen Düsenring (*m*), welcher das zuströmende Wasser auf den ganzen Umfang verteilt. Tritt eine Störung des Wasserzuflusses ein, so verhindert folgende Einrichtung eine Verstopfung der Spülversatzleitung. Der Behälter *q*, welcher beim Betriebe durch den Zufluß von *k* aus mit Wasser gefüllt gehalten wird, entleert sich durch die Öffnung *r*, die einen größeren Querschnitt als das Zufluß-

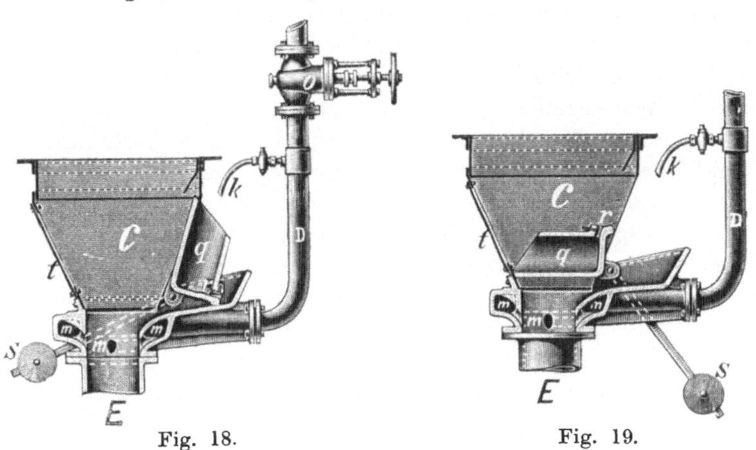

Fig. 18. Fig. 19.

rohr hat, sobald der Zuguß von *k* aus aufhört oder schwächer wird. Alsdann kippt das Gegengewicht *S* den Behälter in den Trichter um, der so verschlossen wird (Fig. 19). Daraufhin müssen sofort die Klappen des zugehörigen Aufgabetrichters geschlossen werden.

Eine ähnliche Wasserzuführung mittelst eines den unteren Teil des sich stark bis zum Durchmesser der anschließenden Rohrleitung verengenden Mischtrichters konzentrisch umgebenden Kanales ist unter D.R.P. Nr. 182557 geschützt und wird von dem Alexanderwerk A. v. d. Nahmer, Abt. Luisenhütte, Remscheid-Vieringhausen gebaut. Als ein Vorzug ist bei dieser Einrichtung der Umstand zu bezeichnen, daß der Wasserzufluß in diesen Umleitungskanal nicht von einer Seite nur erfolgt, sondern von mehreren. (Dem Alexanderwerk A.-G. sind unter D.R.P. Nr. 168783 und Nr. 169029 in der Patentklasse 5d noch andere Vorrichtungen geschützt worden.)

Eine von J. Pohlig in Köln a. Rh. erfundene und unter D.R.P. Nr. 165216 geschätzte Wasserzuführungsvorrichtung hat im Prinzipe eine gewisse Ähnlichkeit mit der in Fig. 17 dargestellten Einrichtung. Aus einer Anzahl aufwärts gerichteter Düsen, die sich ganz unten im Trichter an einem konzentrischen Düsenringe befinden, tritt Druckwasser in der Weise aus, daß es das Spülgut nach und nach von unten ablöst und ihm gleichzeitig eine Drehbewegung erteilt, die eine gute Vermischung begünstigt und einer Verstopfung entgegenwirkt. Das Spülgut ruht ohne Vermittlung eines Rostes im Trichter. Die Absperrung der Rohrleitung erfolgt durch Herablassen eines Kugelventiles, welches durch einen kegelförmigen Schirm überdeckt und geschützt wird. Dieser Schirm bewirkt zu gleicher Zeit eine gute Verteilung des herabfallenden Spülgutes auf die verschiedenen Düsen.

Schließlich sei noch der auf der Grube „Joaquina“ in Azuaga (Spanien) getroffenen Einrichtung gedacht, die trotz ihrer Einfachheit zufriedenstellend arbeitet. In den Fig. 20 und 21 ist dieselbe im Auf- und Grundriß wiedergegeben worden. In den Mischtrichter, der sich über Tage befindet, sind ein senkrechter Rost mit 2 cm-Löchern und ein horizontaler Rost mit 4,5 cm-Öffnungen eingebaut. Der senkrechte Rost reicht nicht ganz bis auf den horizontalen herunter, sondern läßt noch einen Abstand von 5 cm frei. Durch diesen Hohlraum fließt das Spülgut ein, welches auf der schiefen Ebene in der Pfeilrichtung herunterrutscht und durch den senkrechten Rost zurückgehalten wird. Zur Erleichterung dieser Abwärtsbewegung spritzt aus der ∪-förmigen Rohrleitung Wasser auf das Spülgut. Diese Zweigleitung steht mit der Haupt-Druckwasserleitung in Verbindung. Letztere endet dicht über dem horizontalen Rost in ⊥-Form. Aus zahlreichen Öffnungen des horizontalen Endrohres spritzt das Wasser direkt gegen das Versatzgut, welches aus

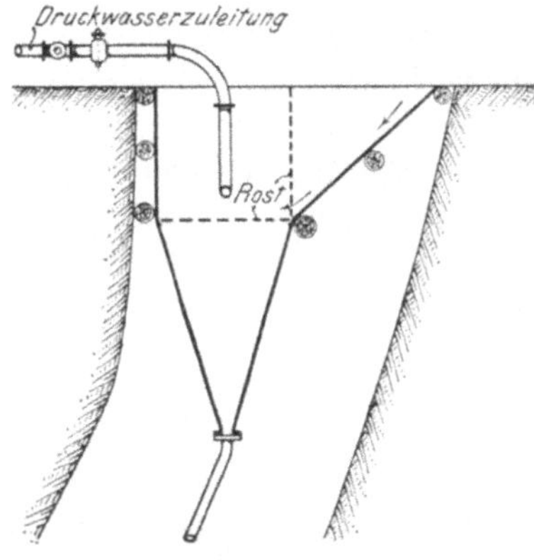

Fig. 20.

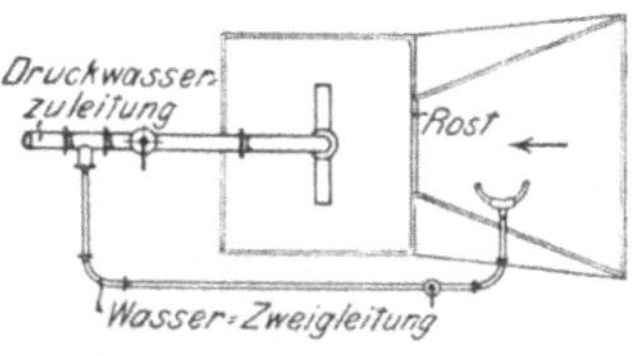

Fig. 21.

dem 5 cm-Spalt hervorkommt und nun mit Wasser vermengt in die Rohrleitung fließt.

Führt man die Versatzmassen erst über einen mehr oder weniger langen Weg als Trockenleitung, so ist es ratsam, das Material schon vorher etwas anzufeuchten, um Verstopfungen zu verhüten. In Zwickau hatte man beispielsweise anfänglich die Haldenberge so wie sie gewonnen wurden trocken bis zum Mischtrichter geführt, ohne auch Verstopfungen zu bekommen. Als jedoch infolge anhaltender Hitze im Sommer die Halden stark austrockneten, dauerte es nicht lange, bis sich die Trockenleitung verstopfte. Seitdem werden die Haldenberge bei der Gewinnung bespritzt.

6. Die Rohrleitungen.

Die gut mit Wasser gemischte Spültrübe gelangt aus dem Mischtrichter in die Spülrohrleitung, welche sie zum Versatzorte führt. Diese Rohrtour erreicht oft viele Hunderte von Metern Länge und muß unvorteilhafterweise manchmal einen vielfach gekrümmten und unebenen Weg zurücklegen. Senkrechter und geneigter Fall, vertikales und schräges Steigen,

Biegungen und Kurven lassen sich oft nicht vermeiden. Jedoch muß beim Verlegen der Rohrtour stets das Bestreben darauf gerichtet sein, einen möglichst geraden Weg einzuschlagen und immer etwas Einfallen in der Leitung zu haben. Verfügt man über eine bedeutende Druckhöhe, so werden oft beträchtliche Steigungen überwunden. So besitzt z. B. die Spülversatztour des schon einmal erwähnten Steinkohlenwerkes Ver. Glückhilf-Friedenshoffnung bei Hermsdorf eine Steigung von 10 m auf 50 m Länge und eine andere von 9 m auf 650 m Länge, und haben sich Schwierigkeiten bisher nicht bemerkbar gemacht.

Für die Spülversatzrohrleitung sind in der Praxis Rohre aus Gußeisen, Schmiedeeisen und Stahl (Mannesmannrohre) in Anwendung gekommen. Welchen von diesen der Vorzug zu geben ist, läßt sich bis jetzt noch nicht entscheiden, da die Zeit der praktischen Erfahrungen hierfür noch zu kurz ist. Die beiden letzten Arten haben zwar zweifellos eine weit höhere Haltbarkeit namentlich dem Drucke gegenüber, sind indessen auch unvergleichlich teurer. Viele Stimmen scheinen sich neuerdings zugunsten des Schmiedeeisens auszusprechen. In Pennsylvanien z. B. haben sich schmiedeeiserne Rohre am besten bewährt. Man nimmt daher an, daß die Widerstandsfähigkeit einer Eisensorte der Reibung gegenüber mehr von der Struktur als von der Härte abhängt und erklärt dies damit, daß eine grobkörnige Struktur, wie sie Gußeisen und in geringerem Maße Stahl haben, dem Abrieb zahlreiche Angriffspunkte darbieten.

Über die Materialfrage der Schlammversatzrohre hat Hüttendirektor Obst-Oderberg eingehende Versuche gemacht, die ihn zu dem Resultat führten, daß das weiche Flußeisen gegenüber der Reibung das dauerhafteste Material sei.

Wie leicht zu erkennen ist, werden die Rohre namentlich auf Reibung beansprucht. Druckwirkungen kommen nur bei Verstopfungen in höherem Maße zur Geltung und treten namentlich und fast ausschließlich bei Krümmungen ein. Bei saigeren Leitungen wird auch die Reibung gering sein. Berücksichtigt man nun außerdem noch die Kostenfrage, so will es uns am rationellsten erscheinen, für saigere Rohrtouren und für die Krümmer gußeiserne Rohre, für die söhligen und tonnenlägigen Leitungen hingegen eine der übrigen Rohrarten zu wählen. Mit positiver Gewißheit läßt sich aber, wie schon gesagt, ein derartiges, gemeingültiges Urteil nicht aussprechen und sind vielmehr örtliche, günstige Bezugsbedingungen für die eine oder die andere Art u. dgl. Gründe mehr entscheidend.

In den weitaus meisten Fällen wird man dort, wo man das Spülversatzverfahren eingeführt hat, eine ganze Anzahl von Zweigleitungen besitzen, die, je nachdem in dem einen oder dem anderen Abbaufelde gespült werden soll, mit der Hauptleitung verbunden werden müssen. Zunächst hatte man T-Stücke mit Absperrvorrichtungen wie Ventilen, eisernen Schiebern, Kolbenschiebern u. dgl. m. versucht, die indessen sehr bald wegen der technischen Schwierigkeiten und der Betriebsunsicherheit aufgegeben wurden. Die technischen Schwierigkeiten bestanden namentlich in der Unmöglichkeit, einen wirklich dichten Abschluß der Absperrvorichtungen, die viele Reparaturen hervorriefen, zu erreichen. Nachteilig war dann ferner der Umstand, daß sich der Raum vor dem geschlossenen Schieber oder Ventil, wenn in der anderen Richtung verspült wurde, zusetzte und sich manchmal so stark verfestigte, daß seine Beseitigung sehr mühsam war. Später kam man auf den Gedanken, überhaupt keine ständige, feste Verbindung zwischen Haupt- und Zweigleitungen bestehen zu lassen, sondern je nach Bedarf die eine oder die andere derselben durch Paßstücke und Krümmer mit dem Hauptstrom zu verbinden. Natürlich ist auch diese Methode, die eine zeitraubende Arbeit des Ein- und Ausbaues der betreffenden Teile bedingt, noch nicht das Ideal, welches zu erstreben ist. Weit zweckmäßiger sind die Spülversatz-

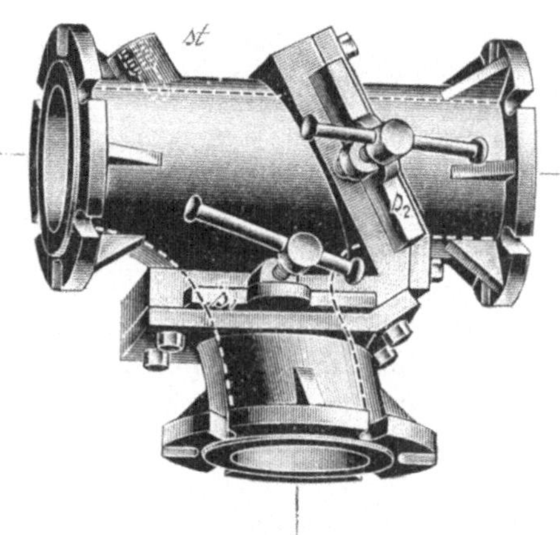

Fig. 22.

Verteilungsstücke, welche die Armaturenfabrik „Westfalia" zu Gelsenkirchen baut und ihr patentiert worden sind.

Für eine rechtwinklige Ablenkung des Spülstromes dient das Verteilungsstück, welches uns die Fig. 22, 23 u. 24 zeigen. Der kurze Bau dieses Körpers sowie die besondere Konstruktion und der Einbau der Schieber (s_1, s_2) verhindern ein Ansammeln von Spülgut in dem geschlossenen Rohrteile. In zwei flach konisch gehaltenen Schlitzen werden die Schieber s_1 und s_2 eingeführt, von denen einer voll ist (in der Fig. s_2), wohingegen der andere eine dem Rohrdurchmesser gleiche Öffnung besitzt. Je nachdem man nun nach der einen oder nach der anderen Richtung hin spülen will, setzt man den durchbohrten Schieber in die Leitung, welche momentan benutzt werden soll, während der volle Schieber die andere Leitung verschließt. Das Wechseln der Schieber wird durch eine Schraubenspindel mit Handrad sehr erleichtert und erfolgt schnell.

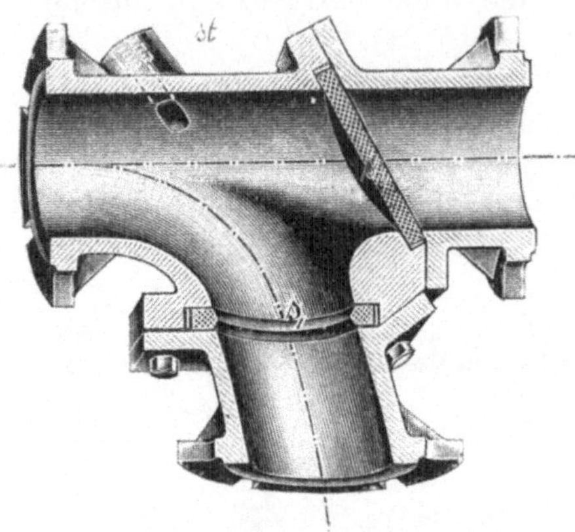

Fig. 23.

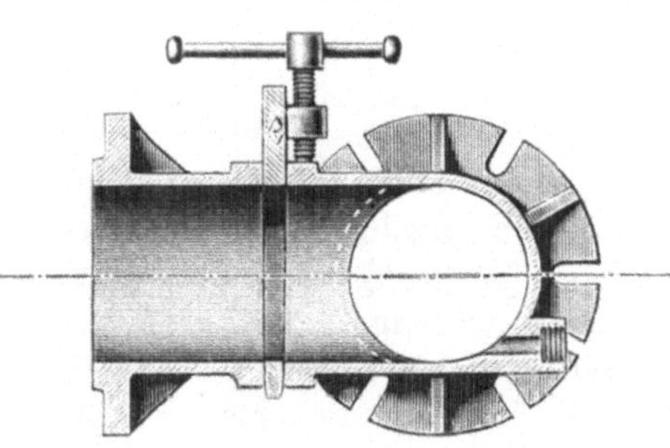
Fig. 24.

Ein anderes Abzweigungsstück zeigt uns Fig. 25. Dieses sogenannte Hosenstück findet besonders dort gute Verwendung, wo es sich um die Abzweigung der Vertikalleitung nach zwei Seiten hin handelt.

In den Fig. 22 u. 23 erkennt man, daß der Abzweigung gegenüber ein Stutzen (*st*) sich befindet. Derselbe dient zur Einführung einer Düse, durch welche frisches Druckwasser eingeleitet werden kann, um an den gefährlichen Ableitungsstellen die Bewegung und Richtungsänderung des Stromes zu erleichtern. Die erwähnten Verteilungsstücke kosten je nach der Größe 150—250 M.

Um ein schnelles Verlegen der Rohre zu ermöglichen, ist es empfehlenswert, dieselben mit losen, schmiedeeisernen Flanschen zu versehen, die durch Schrauben ihre Verbindung erhalten.

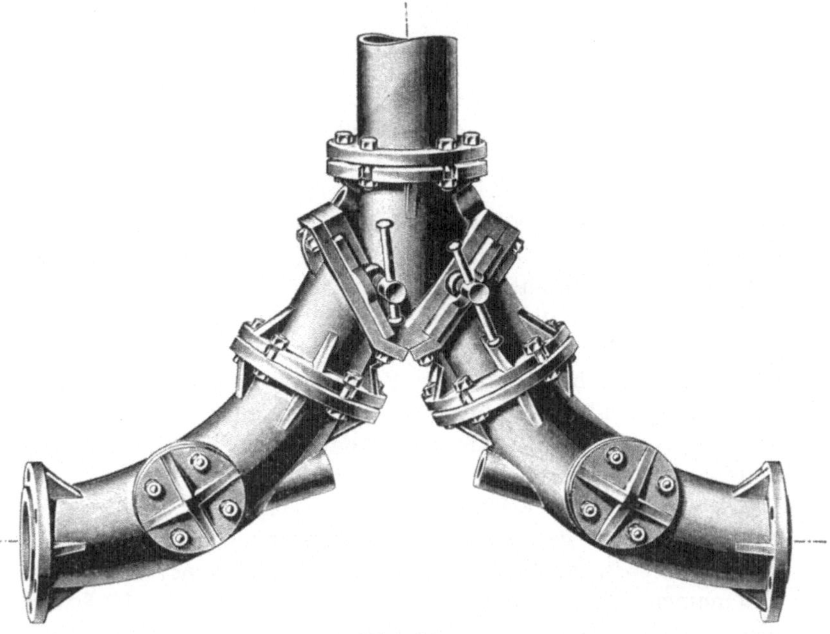

Fig. 25.

Die Abdichtung erfolgt durch Leder- oder Gummischeiben. Rohre mit nach der Kugelform gefertigten Dichtungsflächen, wie sie z. B. in Zwickau verwendet werden, sollen schwache Krümmungen bis zu 3^{0} ohne Einschaltung von Krümmern oder schiefen Ringen zu überwinden vermögen, ein Vorteil, der den gußeisernen Rohren zu statten kommt.

Um eine gewisse Handlichkeit zu besitzen, dürfen die Rohre nicht zu lang gewählt werden; 3—4 m Länge sind die gebräuchlichsten Maße. Grube Sulzbach im Saarrevier hat z. B. gußeiserne Rohre von 3 m Länge in Gebrauch. Doch ist

6 m Länge auch ein beliebtes Maß und werden solche Rohre vorteilhaft in Schächten, Hauptstrecken, Querschlägen usw. verlegt, wo dieselben voraussichtlich lange Zeit unverändert liegen bleiben. Auf der Myslowitzgrube in Oberschlesien benutzt man Rohre von 6 m Länge, desgleichen auf Ver. Glückhilf-Friedenshoffnung bei Hermsdorf. Im Spülorte selbst verwendet man zweckmäßigerweise Rohre von 1 m Länge, die nur halb geschlossen sind.

Wichtig ist noch die Frage nach der Wahl eines geeigneten Durchmessers der Spülrohre. In Westfalen will man bereits in dieser Frage das Urteil dahin fällen, daß man sich für Rohre von 150 mm lichter Weite entscheidet. Solche Rohre sind auch anderweitig vielfach in Gebrauch, so z. B. in Zwickau und Oberschlesien.

Im allgemeinen schwanken die inneren Rohrdurchmesser zwischen 120 und 200 mm. Ein bestimmtes für alle Fälle besondere Vorzüge besitzendes Maß wird sich wohl kaum feststellen lassen, da die örtlichen Verhältnisse und Bedingungen hierbei eine zu große Rolle spielen, sondern man kann nur allgemeine Gesichtspunkte zur Beurteilung angeben, die dann auf den speziellen Fall unter Berücksichtigung analoger Verhältnisse angewendet, auf einen konvenierenden Durchmesser führen.

Sowohl zu enge als auch zu weite Rohre können ungünstig wirken. Da sich das theoretisch denkbar günstigste Mischungsverhältnis zwischen Material und Wasser nicht konstant erzielen und namentlich in einer langen Rohrtour sich auf die Dauer nicht erhalten läßt, so ist auch das Versatzgut keine gleichmäßige, sondern bald eine dünnflüssige, bald eine dickere Masse, die sich mit verschiedenen Geschwindigkeiten fortbewegt. Dadurch entstehen bei zu engen Rohren, bei denen also das Material nur in der Längsrichtung der Rohre ausweichen kann, leicht zunächst Stauungen und als Folgeerscheinungen hiervon Verstopfungen. Andererseits wieder, wenn die Rohre zu weit sind, müßte man, um den Rohrquerschnitt gänzlich zu füllen, außerordentlich viel Wasser verspülen, was nicht zu empfehlen ist. Bei nicht gänzlich gefülltem Rohrquerschnitte aber verursacht leicht die mitgerissene Luft Störungen.

Die Wahl des Durchmessers wird sich mithin nach mannigfachen Gesichtspunkten zu richten haben, wie z. B. nach der Korngröße und Art des Versatzgutes, nach seiner Schwere und Beweglichkeit, nach seinem Nässegrad, nach der Lage der Rohre, ob saiger oder söhlig, nach der Länge der Rohrtour, nach der vorhandenen Druckhöhe usw.

Um den bei Verstopfungen entstehenden Überdruck schnell beseitigen zu können, hat man in der Praxis bisher noch an sehr wenigen Anlagen Vorkehrungen getroffen. Eine ganz vorteilhafte, diesbezügliche Einrichtung findet man im Dreifaltigkeitsschachte im Ostrauer Revier. Die ganze Rohrleitung ist

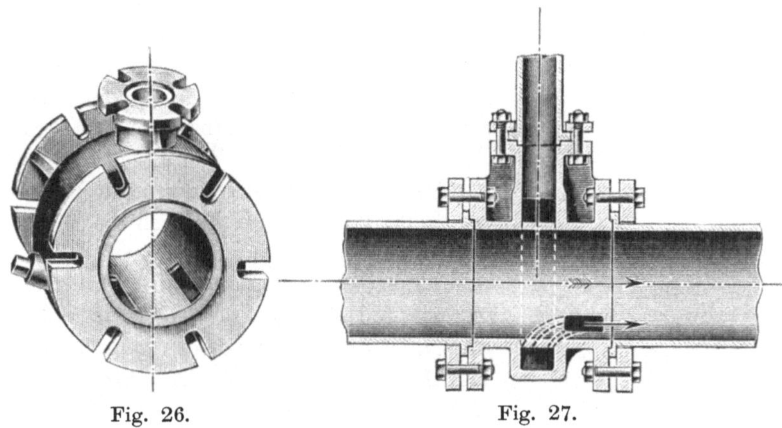

Fig. 26. Fig. 27.

in Abschnitte von 50 m geteilt, an die sich durch Hähne absperrbare Ableitungen anschließen. Sobald nun eine Verstopfung eintritt, läßt man durch Öffnen der Hähne in der Reihenfolge von oben nach unten das ganze drückende Versatzmaterial ablaufen.

Um bei langen, horizontalen oder wenig geneigten Leitungen die Verstopfungen zu verhindern, baut „Westfalia“ Einspritzdüsenringe, wie die Fig. 26 u. 27 sie zeigen. In größeren Abständen werden diese Düsenringe eingeschaltet und man erreicht durch die stetige Zuführung von frischem Druckwasser, welches in der Stromrichtung eingespritzt wird, eine größere Sicherheit gegen Verstopfungen und trotzdem eine erhebliche Wasserersparnis. Im ersten Augenblicke erscheint letzteres nicht gleich einleuchtend. Bedenkt man jedoch, daß man am Mischtrichter ganz bedeutend weniger Wasser zuzugeben nötig hat, da der Weg des Spülgutes bis zum nächsten Wasserzufluß nur ein kurzer ist, so wird es einem bald verständlich werden, daß an Wasser gespart wird und daß die an mehreren Stellen erfolgende Wasserzuführung für den Fluß des Spülstromes sehr günstig ist. Die Düsenringe werden an Spritzwasser- oder sonstigen Druckleitungen in der Grube angeschlossen. Sie kosten je nach ihrer Größe 30—60 Mk.

Die meisten Verstopfungen treten begreiflicherweise an den Krümmungen der Leitung auf und zwar namentlich beim Übergang aus der saigeren Richtung in die tonnenlägige oder söhlige. In Zwickau hatte man eine derartige gefährliche Stelle im Schachte beim Übergange aus der tonnenlägigen Richtung in die saigere. Seitdem man aber dem Krümmer an der Biegungsstelle eine um 25 mm größere lichte Weite gegeben hat als der sonstigen Rohrleitung, sind an dieser Stelle keine Verstopfungen mehr vorgekommen. Zweckmäßig sind auch Krümmer mit sogenannten Durchstoßöffnungen, wie sie Fig. 28 zeigt. Die Durchstoßöffnung *a* ist durch einen Deckel geschlossen. Ebenfalls zu empfehlen ist, hinter den Krümmer ein kleineres Rohr von etwa 1 m Länge einzubauen, welches sich bequem herausnehmen läßt.

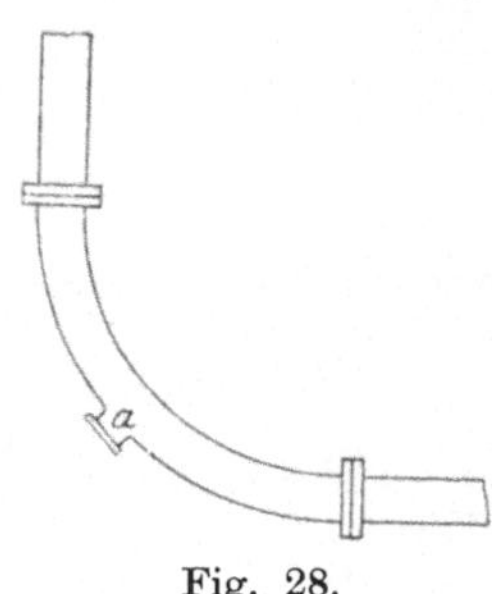

Fig. 28.

Die Armaturenfabrik „Westfalia“ gibt ihren Krümmern auch größere Weiten und führt außerdem noch Spritzwasser in der neuen Bewegungsrichtung ein. Ferner trifft sie noch eine andere recht praktische Vorkehrung, um die Krümmer vor der Abnützung möglichst zu bewahren. Die Krümmer werden natürlich auf Reibung am stärksten beansprucht und benötigen daher der meisten Reparaturen.

„Westfalia“ baut daher in diese Krümmer Innenrippen ein, wie die Fig. 29 u. 30 zeigen. Erstere Figur stellt einen starken Fußkrümmer dar, der in horizontaler Richtung Spritzwasser erhält und für den Übergang aus der saigeren in die söhlige Lage gut geeignet ist. Zwischen den Rippen setzt sich bald das Spülgut fest und bildet so ein Polster, welches den

Krümmer vor der abnutzenden Wirkung der Reibung ausgezeichnet schützt.

Während man sonst oft Stahlgußkrümmer benutzen wird, werden diese von „Westfalia“ gebauten und ihr geschützten Krümmer aus Gußeisen hergestellt, da sie nicht auf Reibung, sondern nur auf Druck beansprucht werden und stellen sich um etwa 20 $^0/_0$ billiger als die Stahlgußkrümmer. Fig. 30 stellt einen Leitungskrümmer dar.

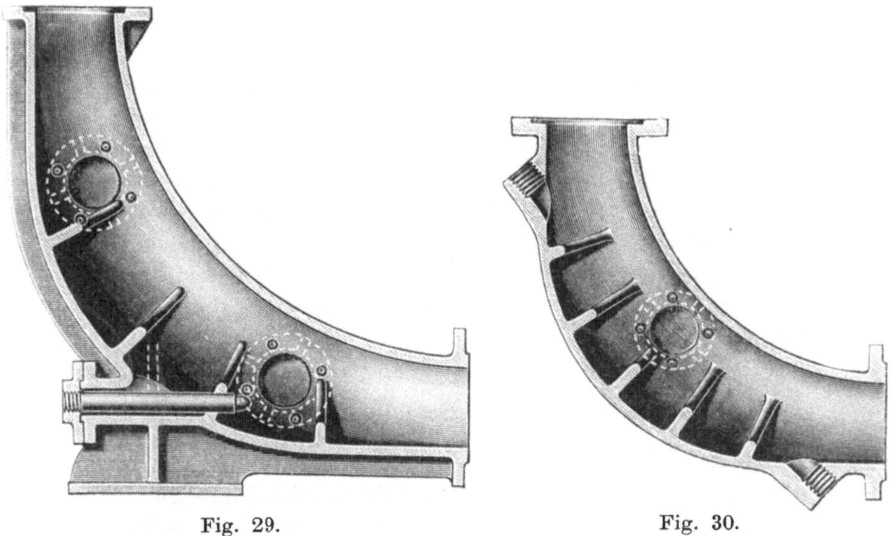

Fig. 29. Fig. 30.

Im allgemeinen genügt es vollständig, wie die Erfahrung gelehrt hat, wenn man die durchgeschlissenen Stellen von außen her durch Umlegen von Schellbändern wieder schließt. Praktisch ist es außerdem, der äußeren stärkeren Krümmung eine größere, etwa die doppelte Wandstärke zu geben, da hier der Verschleiß ungleich stärker ist als an der kleineren inneren Krümmung.

Bei den söhligen und tonnenlägigen Touren werden die Rohre auf der unteren Seite durch Reibung am stärksten angegriffen. Infolgedessen wird man gut tun, die Rohre von vornherein an einer Stelle stärker zu bauen. Auch macht es sich notwendig, nach Ablauf eines gewissen Zeitraumes die Rohre etwa um 90° zu drehen. Diese Manipulation kann man wenigstens dreimal vornehmen, ehe die Rohre erneuert zu werden brauchen. Im Schachte ist nach den bisherigen Erfahrungen die Reibung sehr gering.

Will man einen hohen saigeren Sturz in einer Rohrleitung nicht wie z. B. in Zwickau zur Zerkleinerung des Gutes ausnützen, da es vielleicht nicht notwendig ist, so baut man wohl auch an ein oder mehreren Stellen der Saigerleitung zur Schonung des anschließenden Fußkrümmers ein \\-förmiges Stück ein.

Neuerdings ist von Peter Mommertz in Marxloh (Preußen) ein Spülrohr erfunden worden, welches im Inneren ein aus hartem Material bestehendes Futter besitzt. Dasselbe wird aus einzelnen Stücken von 0,2—1 m Länge und 1—2 cm Stärke zusammengesetzt und besteht aus Glas, Steingut, Porzellan, Ton, Zement, Eisen u. dgl. m. Daß das Futter aus einzelnen kleineren Teilen hergestellt wird, ist vorteilhaft für etwa notwendige Reparaturen sowie für den Umbau der Leitungen. Auch für die Krümmer werden solche Futterstücke gefertigt. Ob sie die in sie gesetzten Hoffnungen zu erfüllen vermögen, muß die Zukunft lehren.

7. Das Spülwasser und seine Wasserhaltung.

Ebenso wie der gänzliche Mangel eines einigermaßen geeigneten Versatzmaterials mancher Zeche die Einführung des Spülversatzverfahrens unmöglich macht, so kann auch das Fehlen von hinreichendem Spülwasser einen Grund zur Unausführbarkeit dieser Methode bilden. Der letztere Fall ist z. B. in den heißen Ländern leicht denkbar. Vielleicht sind aber die Versuche, Preßluft als treibendes Agens für die Versatzmassen zu verwenden, wie man sie z. B. im Bergrevier Königshütte auf dem Steinkohlenwerk Gottes Segen bei Neudorf sowie auf Cons. Heinitzgrube bei Beuthen, Ober-Schlesien, anstellt, von Erfolg gekrönt und wird hierdurch das Feld der Anwendbarkeit des Verfahrens erweitert. Auf letzterer Grube z. B. hat man die Versuche bei einer 250 m langen Rohrleitung gemacht, der man zahlreiche horizontale wie vertikale Krümmungen gab. Die lichte Weite der Rohrtour betrug 100 mm. Die Versuche stießen zuerst auf Schwierigkeiten hinsichtlich einer gleichmäßigen

Aufgabe des Gutes sowohl als auch betreffs Vermeidung des Ausblasens des Materiales aus dem Aufgabetrichter in rückwärtiger Richtung. Schließlich gelang es aber, diese Schwierigkeiten dadurch zu beseitigen, daß eine senkrechte Schnecke eingebaut wurde, die man durch Zahnräder in Drehung versetzte und die dann eine gleichmäßige Aufgabe des Gutes aus dem Trichter in die Rohrtour ermöglichte. Um das Entweichen der Luft in rückwärtiger Richtung sicher zu verhüten, wurde der Trichter geschlossen und in ihn durch eine Zweigleitung Preßluft eingeführt. Die Hauptpreßluftleitung hatte 75 mm Durchmesser und mündete unterhalb der Schnecke in die Rohrtour in Düsenform ein. Die Resultate in dieser Versuchsleitung waren schließlich sehr zufriedenstellend, und man erreichte, daß jedes Material, trocken oder feucht, in allen Korngrößen bis zur lichten Rohrleitungsweite ohne Schwierigkeit mit einem Druck von 0,5 at noch etwa 50 m aus dem Rohre hinausgeschleudert wurde. Um eine saugende Wirkung auszunützen, blies man dann später Preßluft von 2 at durch eine in der Rohrleitung zentrisch angebrachte Düse von 40 mm Durchmesser ein.

Über die Förderung des Versatzgutes mittelst Preßluft im Schachte, also in senkrechter Richtung auf größerer Entfernung, liegen noch keine Versuche vor. Es muß in diesen Fällen berücksichtigt werden, daß die Geschwindigkeit der Versatzmasse und der Luft gleich groß sein muß, wenn keine Gefahr für Verstopfungen eintreten soll. Man hat deshalb vorgeschlagen, entweder der Rohrtour einen spiraligen Verlauf zu geben, oder die Preßluft erst an dem horizontalen bzw. tonnenlägigen Anschlusse in der Grube einzuführen. Letzteres will uns als die zweckmäßigere Methode erscheinen.

Der Verbrauch an Wasser ist im allgemeinen ein ziemlich bedeutender und steht zu dem verbrauchten Materiale meist in den Verhältnissen 1:1 bis 2:1. Auf dem gräflich Wilczkschen Dreifaltigkeitsschachte in Polnisch-Ostrau steht der Wasserverbrauch im Verhältnis zum Materialverbrauch wie 1,3:1 bis 1:1. In Zwickau in Sachsen hat man sogar das Verhältnis 0,8:1 schon erreicht. Der Wasserverbrauch hängt ab von der Korngröße und Schwere des Versatzmaterials, von der Weite der Rohre sowie von der Gestalt und Länge des Weges. Ersteres erhellt beispielsweise daraus, daß man beim Schachte

I und II der Gewerkschaft Deutscher Kaiser in Westfalen bei 30 t Schlackensand nur 1 cbm Wasser brauchte, während man auf Zeche Hibernia in Westfalen pro t verspülter Waschberge 3—5 cbm Wasser notwendig hatte.

Die Abhängigkeit von der Weite der Rohre erkennt man aus dem Beispiele der Zeche Hibernia. Dort sind zwei Anlagen mit verschiedenen Rohrweiten in Betrieb. Die eine besitzt 119 mm-Rohre und braucht pro t Berge 5 cbm Wasser, während die andere 187 mm-Rohre hat und pro t Berge nur 3 cbm Wasser benötigt.

Jedenfalls muß das Bestreben stets darauf gerichtet sein, möglichst an Wasser zu sparen, ohne dabei an der Menge des in der Zeiteinheit einzuspülenden Materiales einzubüßen und Gefahr zu laufen, Betriebsstörungen durch eintretende Verstopfungen hervorzurufen.

In Zwickau hat man beim Erzgebirgischen Steinkohlen-Aktien-Verein in dieser Hinsicht schon sehr schöne Erfolge zu verzeichnen, wobei der durch Verlegung des Mischtrichters in einen höheren Horizont erreichte größere Anfangsdruck eine bedeutende Rolle mitspielt. Während früher daselbst das Verhältnis von Berge zu Wasser 1:2 war, beträgt es heute nur noch 1:0,8, wie schon früher einmal erwähnt wurde. Dadurch tritt natürlich eine erhebliche Erleichterung in der Wasserhaltung ein. Bei etwaigem Wassermangel kann diese Frage von höchster Bedeutung sein, selbst auch dann, wie dies wohl meist der Fall ist, wenn man das Wasser einen Kreislauf machen läßt. Durch die Verdunstung und durch sonstige unvermeidliche Verluste verringert sich in dem letzteren Falle das einmal vorhandene Wasserquantum nach und nach immer mehr und muß deshalb fortwährend ergänzt werden.

Aber nicht nur aus diesem, sondern auch noch aus einem anderen Grunde ist es in sehr vielen Fällen zweckmäßig, stets frische, noch nicht gebrauchte Wässer zu den alten hinzuzufügen. Dieser Grund liegt darin, daß sich das Wasser bei längerem Gebrauche in seiner chemischen Zusammensetzung durch Aufnahme von Salzen stark verändert und sich dadurch in ihm oft Verbindungen konzentrieren, die die Rohrtouren und namentlich die inneren Teile der Pumpen heftig angreifen und stark beschädigen können. Die chemische Veränderung des Wassers hängt natürlich von den chemischen Bestandteilen des angewendeten Versatzmateriales ab und wird bei Sand bei weitem schwächer sein als bei der Verwendung von Wasch- und Haldenbergen. Die Lösungsfähigkeit des Wassers vermehrt vor allen Dingen der oft recht bedeutende Druck, welcher in der Spülrohrleitung auftritt.

Ein ganz eklatantes Beispiel aus Zwickau sei erwähnt. Eine Analyse frischen, noch nicht gebrauchten Wassers ergab in einem Liter 0,525 g Abdampfrückstand, der aus etwas Magnesia, Kalk, Schwefelsäure und 0,174 g Chlor bestand. Nach mehreren Monaten des Gebrauches ergab eine Analyse folgendes: 47,930 g Abdampfrückstand mit einem Chlorgehalt von 11,60 g pro l Wasser. Das Wasser besaß eine Härte von 1153 deutschen Härtegraden und war eine ziemlich konzentrierte Salzlösung geworden. Namentlich der hohe Chlorgehalt des Wassers übte hier eine zerstörende Wirkung auf die Pumpenteile aus und man erkennt leicht, wie wichtig es ist, das Wasser stets teilweise zu erneuern.

Gerade diese Auflösungsfähigkeit des Spülwassers beginnt man beim Salzbergbau auszunützen. Im Jahre 1905 wurden von Bergrat Schraml Versuche angestellt über eine künstliche Auslaugung des Haselgebirges. Er verspülte in einer dem Spülversatz dienenden Vorrichtung analogen Anlage Haselgebirge von 55,6 $^0/_0$ Salzgehalt und 1 cm^3 Korngröße, welches aus einem in Aussprengung begriffenen Werkraume gewonnen wurde. Um von vornherein genügenden Druck zu haben, wurde bei den Versuchen vor Einfüllung des Haselgebirges die ganze Rohrleitung mit Wasser gefüllt; dann wurde das Ausflußventil geöffnet und am Trichter Wasser zugegeben. Sobald ein konstanter Druck von etwa 5 at erzielt war, wurde das Haselgebirge aufgegeben. Bei einem Versuche z. B. wurden 0,483 m^3 pro Minute Haselgebirge eingefüllt. Die Spülwassermenge betrug 0,9 m^3 pro Minute. In 130 Sekunden legte das Spülgut den ganzen Weg der Rohrtour zurück. In dieser kurzen Zeit erreichte die Trübe eine Grädigkeit von 43 kg pro hl.

Die erzielten Resultate waren also ganz überraschend. Die erreichte Sole war nicht nur voll-, sondern sogar meist übergrädig und das Haselgebirge war im praktischen Sinne vollständig ausgelaugt. Aus süßem Wasser hatte man in wenigen

Minuten eine sudwürdige Sole erhalten und es war der Beweis erbracht, daß sich das Spülversatzverfahren für den Salzbergbau auch in dieser Weise ausbeuten ließ.

Diese neueste Verwendung des Spülversatzverfahrens kann gleichfalls in der Zukunft eine vollständige Umwälzung im Salzbergbau hervorrufen und die alte Methode der Salzgewinnung durch Auslaugen in sogenannten Werken oder Wehren gänzlich verdrängen, um dem Trockenabbau die Alleinherrschaft zu überlassen.

Bei den erwähnten Versuchen hatte man ferner gelernt, daß die Lösungsfähigkeit des Salzes im Wasser unter dem Druck von 5 at um das 3—5fache des Normalen zugenommen hatte. Deshalb ist es beim Verschlämmen von Halden- und Waschbergen vorteilhaft, engere Rohre zu nehmen, um die Durchflußgeschwindigkeit des Gutes zu erhöhen und auf diese Weise die Zeit abzukürzen, während welcher das Spülgut dem Drucke ausgesetzt ist.

Auch für die Art und Weise der Wasserhaltung ist die Art des Versatzmateriales entscheidend. Dort, wo man Sand als Versatz benutzt, werden die zu verspülenden Räume mit dichten Verschlägen umgeben, die gleichsam als Filter dienen und das Wasser durchsickern lassen, während der Sand im Spülorte verbleibt. Bei dem sich leicht und verhältnismäßig schnell aus dem Wasser niederschlagenden Sande kann man das Wasser also gleich nach dem erstmaligen Verbrauch wieder verwenden. Es wird in Steigleitungen gleich wieder nach dem Hauptbassin zurückgepumpt und steht dann zum Gebrauche unmittelbar wieder zur Verfügung. Dies ist überhaupt bei jedem Materiale der Fall, welches vom Wasser nur mechanisch mit fortgeführt wird.

In den meisten Fällen wird jedoch ein mehr oder weniger großer Teil des Materiales vom Wasser aufgelöst werden. Würde man auch in diesen Fällen das Wasser gleich wieder verwenden, so hätte man stets sehr schmutziges Wasser zu heben, welches die Pumpen stark beschädigt. Wollte man andererseits das Wasser bis zu seiner Klärung im Spülorte selbst stehen lassen, so würde man hierbei sehr viel Zeit verlieren und den Fortgang des Betriebes stören. Lange Zeit müßte das Wasser stillstehen und es wäre eine langwierige Arbeit, nach und nach das vom Wasser vorher eingenommene Volumen gänzlich mit Versatz zu füllen. Einerseits würde also diese Methode einen kontinuierlichen Betrieb ungeheuer erschweren und anderseits würde das Aufführen hinreichend dichter Verschläge kostspielig und mit großen Schwierigkeiten verknüpft sein.

Aus diesen Gründen verfährt man daher in solchen Fällen anders. Beim Einspülen des Versatzmateriales läßt man das Wasser sofort ablaufen. Dadurch wird ein gewisser Teil des Gutes als sogenannte Feinschlämme mit fortgeführt, der z. B. in Zwickau $7\,^0/_0$ beträgt. Das Wasser wird nun gewöhnlich mittelst Zentrifugalpumpen in Klärsümpfe und Klärbassins geschafft, in denen es sich durch längeres, ruhiges Stehen wieder vollkommen klärt. Die hierzu notwendigen Einrichtungen sind den besonderen, jeweiligen Verhältnissen anzupassen. Auf diese Weise nimmt die eigentliche Arbeit des Verspülens eines ausgekohlten Raumes nur kurze Zeit in Anspruch und der Betrieb ist ein flotter. Eine exakt durchgeführte Wasserhaltung ist jedenfalls für einen guten und regelmäßigen Spülversatzbetrieb eine Grundbedingung.

Der allgemeine Rundlauf des Wassers gestaltet sich kurz wie folgt. Die Wasserzuführungsvorrichtung führt das gebrauchsfähige Wasser aus einem höher gelegenen Sammelraum in den Mischtrichter. Hierselbst erfolgt eine möglichst innige Vermengung mit dem Versatzgute, und es schließt sich nun der Transport der nassen Masse durch die Rohrtour zum Spülorte an. Hier strömt die Spülmasse frei aus und setzt sich bei dem oft gewaltigen Drucke dicht ab. Alsdann folgt wieder die Trennung des Versatzgutes vom Wasser. Letzteres fließt, seiner Schwere folgend, in eine unterhalb des Spülortes befindliche Strecke ab und wird aus dieser in der Regel durch Zentrifugalpumpen in große Klärbecken gehoben, falls diese nicht noch tiefer liegen. In das letzte Klärbecken, aus dem dann das Wasser wieder als brauchbar abfließt, leitet man oft vorteilhafterweise etwas frisches Wasser hinzu. Von besonderer Bedeutung ist es noch, wenn man außerdem Dampf oder warmes Wasser einleitet, um das Spülwasser etwa auf die Temperatur zu bringen, die in den jeweilig zu verspülenden Räumen herrscht. Hierdurch schützt man die meist erhitzten Arbeiter vor Erkältungen und die Leute verrichten mit größerer Lust und höherer Sorgfalt ihre wenig angenehme Arbeit.

Weiterhin ist es noch von Interesse, jeden Augenblick feststellen zu können, wieviel m^3 Wasser man pro Minute z. B. verspült hat, um einen konstanten, beim jedesmaligen Verspülen gleichen Wasserverbrauch, den man nach den Erfahrungen als den für die Erreichung des günstigsten Mischungsverhältnisses richtigen gefunden hatte, zu erzielen. Zu diesem Zwecke versieht man das Bassin an der Außenseite mit einer eingeteilten Latte, einer Skala, über die sich ein Zeiger bewegt, der mit einem auf der Wasseroberfläche ruhenden Schwimmer auf irgend eine Weise in Verbindung steht. In gleichem Maße, wie der Schwimmer mit dem abnehmenden Wasserniveau sinkt, steigt der Zeiger an der Skala empor. Merkt man sich also die Stellung des Zeigers bei Beginn des Verspülens und beobachtet man die Uhr hinzu, so ist es leicht, die Anzahl der pro Minute verspülten Kubikmeter festzustellen und somit zu erkennen, ob man das richtige Wasserquantum zufließen läßt.

Die Klärung der Spülwasser macht bei Verwendung von mehr oder weniger tonigem Material oft große Schwierigkeiten. Man hat hier schon alles mögliche versucht. Klärstrecken mit eingebauten Wehren, die aus Drahtgitter mit dazwischenliegendem Reisig bestehen, haben sich bei stärker verunreinigtem Material als nicht ausreichend erwiesen. Am besten haben sich Klärbassins bewährt, in denen das Wasser stundenlang ruhig steht und sich der Schlamm absetzt. Diese können dann außerdem noch mit Filtern versehen werden. Diese Klärbassins sind gewöhnlich alte, verlassene Streichstrecken von oft 100 und mehr Metern Länge. Die Klärung erfolgt auch zuweilen durch Zusatz von Kalkmilch.

Bei der Verwendung von Schlacken und Aschen werden oft ganz feine Teilchen vom Wasser schwebend erhalten. Dieselben setzen sich, da sie zu leicht sind, im ruhenden Wasser nicht ab, beschädigen aber die Maschinenteile sehr. In diesen Fällen muß man gleichfalls durch Filter die Reinigung des Wassers versuchen.

In neuester Zeit wird das Spülversatzverfahren auch im Kalibergbau versuchsweise angewendet, wo es namentlich für flach gelagerte und wenig einfallende Vorkommnisse vorteilhaft sein soll. Bei dieser Anwendung kann man natürlich kein Wasser als treibendes Agens benutzen, sondern man nimmt dann durchweg Chlormagnesiumlauge.

8. Die Vorrichtung der ausgehauenen Räume zum Verspülen.

Um das mehr oder weniger flüssige Versatzmaterial in den Abbaufeldern aufspeichern zu können, macht es sich notwendig, diese letzteren besonders vorzurichten, sie mit einem Ausbau zu versehen. Dies geschieht je nach der Art des Spülgutes und den Gebirgsverhältnissen verschieden. Im allgemeinen und prinzipiell kann man zwei Klassen von Verschlägen des Spülortes unterscheiden, nämlich den dichtschließenden und den undichten Verschlag.

Die erstere Art hat den Zweck, gewissermaßen als Filter zu dienen und alles Material im Versatzorte zurückzuhalten, während das klare Wasser abläuft. Bei diesen dichten Verschlägen hängt der Grad der zur Erreichung des gewünschten Zweckes erforderlichen Dichtigkeit von der Art des Versatzmateriales ab, sowie in gewisser Beziehung auch von der Haltbarkeit des anstehenden Gebirges. So sind naturgemäß bei einem tonigen und lehmigen Materiale und bei einem rissigen und klüftigen Gebirge die Verschläge sorgfältiger und dichter anzufertigen als dann, wenn das Gebirge feststeht, „gut" ist, und Sand oder Schlacke als Versatzstoff dienen.

Fig. 31.

Die dichten Verschläge pflegt man in der in der Fig. 31 veranschaulichten Weise herzustellen, indem man die Pfosten *a* durch die Schwarten oder auch Bretter *b* miteinander verbindet und auf der Innenseite des Versatzortes Leinwand *c* spannt, die an der Firste und an der Sohle durch Umschlagen noch besonders abzudichten ist. Da die Stempel *a* zum größten Teil, die Schwarten *b* fast alle nach dem Trocknen und Festsetzen des Versatzes wieder gewonnen und noch mehrmals verwandt werden können, so ist es zu empfehlen, die Schwarten durch Klammern an die Stempel zu befestigen oder zwischen einer doppelten Stempelreihe, also nicht zu nageln, um sie möglichst zu schonen. Der Druck auf die freistehenden Verschläge ist oft ein so enormer, daß die Stempel nicht selten noch durch Pfosten gegen den nebenstehenden Kohlenstoß eine Zeitlang abgestrebt werden müssen, um Durchbrüche zu vermeiden. Größte Vorsicht ist hier geboten.

Will man dagegen Sand im Orte ablagern, so brauchen die Verschläge weder so sorgfältig noch aus so gutem Materiale hergestellt zu sein. Man kann dann gröberes und billigeres Tuch verwenden oder das sogenannte Versatzleinen, welches einen ganz neuen Industriezweig ins Leben gerufen hat. Dieses Versatzleinen ist von starken Drähten durchzogen, die in den Stoff eingewirkt werden. Es wird als fertiges Produkt auf den Markt gebracht. Seine Anwendung ist jedoch eine beschränkte, da die Drähte von salzreichem Spülwasser stark angegriffen werden und dann natürlich an Haltbarkeit verlieren, so daß leicht die Gefahr des Durchreißens der Verschläge eintritt, wodurch große Schäden und Unglücke entstehen können. Solches Versatzleinen wandte man z. B. früher in Zwickau an. Man kam jedoch bald wieder davon ab, da es sich wegen der Anreicherung von aggressiven Salzen im Spülwasser auf die Dauer nicht bewährte.

In Oberschlesien wird bei den Verschlägen aus Pfosten und Brettern keine Leinwand verwandt, sondern man begnügt sich damit, die Ritzen mit Dünger, der vorher gründlich auszutrocknen ist, Moos, Heu und dergleichen auszudichten.

An die Stelle der Pfosten treten bisweilen auch Eisenschienen, die in den Boden eindringen und in ihrer oberen Hälfte durch ein Drahtseil an einem festen Pfosten im Spülorte selbst festgebunden sind.

Ein Teil der Stempel kann schließlich auch in der Weise unterdrückt werden, daß man den Spülort von ein oder zwei Seilen umspannt.

Die Aufgabe der Herstellung der dichten Verschläge ist

eine sehr verantwortliche und es sollten deshalb diese Arbeiten nur von solchen Leuten ausgeführt werden, auf deren Sorgfalt und Gewissenhaftigkeit man sich absolut sicher verlassen kann.

Die undicht schließenden Verschläge kann man dann anwenden, wenn man im Versatzorte selbst das Material sich nicht vollständig absetzen lassen will, sondern nur das zurückhält, was sich bis zum Ablaufen des Schlammwassers niedergeschlagen hat. Das ablaufende Spülwasser führt dann noch einen beträchtlichen Prozentsatz (5—7 $^0/_0$) als Feinschlämme fort. Dies tritt bei der Verwendung von tonigem und lehmigem Materiale meist ein. Es genügt dann in vielen Fällen das Aufwerfen von Dämmen, die schnell hergestellt sind und das trübe Wasser teilweise durchlaufen lassen. Die an Ort und Stelle fallenden Berge werden dann zu diesen Filterdämmen, die oft 3—4 m Stärke bekommen, verwandt.

Einen bisher wohl noch ziemlich vereinzelt dastehenden Verschlag trifft man im Moorbachschachte der Grube Altenwald in Saarbrücken an. Die Filterdämme sind hier als Bergemauern aufgeführt, in denen vielfach Leinwand mit eingemauert ist. Die Mauern sind an der Sohle 3 m stark und verjüngen sich nach der Firste zu bis auf 2 m.

Verschläge aus gelochten Blechen findet man in Westfalen auf Zeche Schlägel und Eisen, ebenso früher auf Zeche Consolidation. Doch hat man hier auf der Schachtanlage II beim Abbau des Flözes *R* diese Art der freistehenden Verschläge heute verlassen, da sie bei dem starken Einfallen des Flözes von 60^0 nicht die genügende Sicherheit gewährleisteten und auch zu zeitraubend und kostspielig waren. Heute wird in einem Abstande von etwa 60 cm am Kohlenstoß eine Stempelreihe geschlagen, die mit Leinwand und darübergespannten Drähten an der dem Kohlenstoß zugewandten Seite in der Weise bedeckt werden, daß sowohl an der Sohle als auch an der Firste ein freier Raum von etwa 5 cm verbleibt. Dieser dient dazu, dem Versatzgut den Eintritt in den Zwischenraum zwischen Kohlenstoß und Stempelreihe zu gestatten, um auch diesen auszufüllen. Nur der Platz für eine Wetterlutte von 50 cm Durchmesser, die vor dem Verspülen an dieser Stelle eingeführt wird, bleibt frei. In der unteren Strecke wird in etwas mehr als Streckenbreite ein kräftiger Riegeldamm aus 2,5 cm starken Brettern hergestellt, um die Strecke abzuschließen. Aus den zwischen den einzelnen Brettern gelassenen Zwischenräumen von etwa 3 mm fließt das Wasser frei aus. Ebenso ist ihm hierzu Gelegenheit durch die Lutten geboten, die undicht miteinander verbunden sind. Nach wenigen Stunden kann die unterste Lutte entfernt und die Kohlengewinnung fortgesetzt werden. Erst nach erfolgtem Verhieb eines neuen Absatzes werden Verschlagleinen und Riegeldamm wiedergewonnen und abermals benützt. Diese neuen Verschläge sollen billiger und schneller anzufertigen sein, außerdem auch weniger Sorgfältigkeit erfordern und dennoch betriebssicherer sein.

Schließlich sei hier noch eine Vorrichtung erwähnt, die man auf dem Kgl. Steinkohlenwerk Königin Luise, Bergrevier

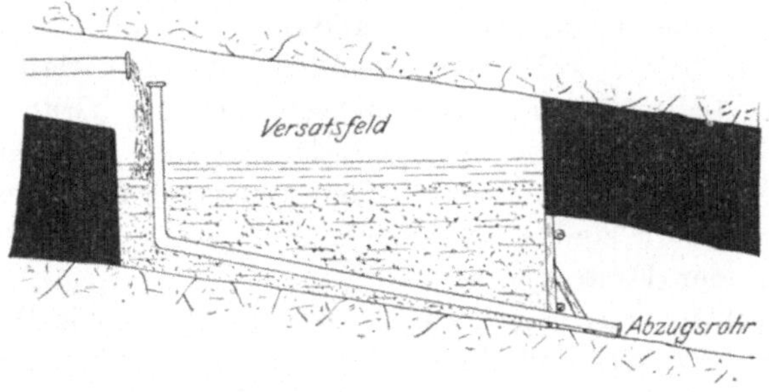

Fig. 32.

Süd-Gleiwitz, getroffen hat. Man baut dortselbst in den Damm der unteren Wasserabzugsstrecke eine Holzlutte senkrecht ein, die mehrere Öffnungen hat. Mit dem Ansteigen des Versatzes werden die Öffnungen von unten nach oben geschlossen, so daß das Wasser durch immer höher gelegene Öffnungen abfließt. Ist schließlich der Versatz unten an der Strecke bis ans Hangende gestiegen, so verlegt man eine gleiche Lutte anschließend an die erstere mit der Neigung des Hangenden und erreicht so, daß alles Wasser durch die untere Strecke abfließt und nicht andere Strecken und Bremsberge verunreinigt. Das gleiche Ziel erreicht man, indem man das Abzugsrohr auf das Liegende verlegt und es am höchsten Punkte des zu verspülenden Pfeilers in einen Vertikalschenkel enden läßt (Fig. 32).

9. Die Arbeiten beim Verspülen.

Die Arbeiten beim Verspülen selbst richten sich naturgemäß nach der Art der Anlage. Eine größere Anlage fordert weit mehr Bewachung und Bedienung als nur eine kleine Versuchsvorrichtung. Aber immerhin ist der Aufwand an Personal kein allzu großer (z. B. in Zwickau beim Vertrauenschacht, einer ziemlich bedeutenden Anlage, 8 Leute im ganzen).

Allen Einrichtungen gemein ist wohl die Bedienung des Mischtrichters. Zur Regelung des Wasserzuflusses ist hier ein Mann erforderlich, der dafür Sorge zu tragen hat, daß stets pro Minute soviel Wasser zufließt als wie die Erfahrung zur Erzielung des günstigsten Mischungsverhältnisses lehrte. Befindet sich der Vorratstrichter unmittelbar über dem Mischtrichter, so hat dieser Mann auch auf eine gleichmäßige Aufgabe des Materiales in den Mischtrichter zu achten. In Zwickau indessen ist ein besonderer Mann zur Bedienuug des Transportbandes erforderlich. Nach Einstellen des Spülens wird noch einige Minuten Wasser nachlaufen gelassen (etwa 3), um die Spülrohre rein auszuwaschen.

Im Spülorte selbst ist die Arbeit am anstrengendsten. Ununterbrochen muß während des Spülens auf die Verschläge Obacht gegeben werden, damit bei einem eventuellen beginnenden Durchbruch sofort der Spülstrom abgestellt werden kann.

In dem Spülorte sind meist nur wenige Holzstempel vorhanden. Auch von diesen wenigen Stempeln können während des Verspülens noch einige geraubt werden, bei welcher Arbeit die Leute oft bis an die Brust im Wasser stehen müssen. Doch darf man dieses Rauben des Holzes nicht zu weit treiben, da man sonst das Dach gefährdet und man so den Wert des Spülversatzes stark beeinträchtigen würde. Deshalb lieber etwas mehr Holz verlieren!

Sehr viel werden in Verbindung mit dem Spülversatze die eisernen, ausziehbaren Grubenstempel angewendet, da sie sich leicht rauben lassen. Die Mannigfaltigkeit ihrer Konstruktionen ist eine ganz ungeheure und jährlich wird ihre Zahl bedeutend vermehrt. Das gemeinschaftliche Prinzip aller besteht darin, daß ein ausziehbarer innerer Teil in beliebiger Stellung auf irgend eine Weise an dem ihn umgebenden Hohlstempel befestigt wird. Als Beispiel sei hier der von der Armaturenfabrik „Westfalia" erfundene erwähnt, der ohne Zweifel gewisse Vorzüge anderen gegenüber besitzt. Der Führungs- sowie der Tragteil dieses Stempels besteht aus je zwei ⊔-förmigen Eisen (Fig. 33). Der äußere Teil hat eine schräge Auflagefläche am unteren Ende (Fig. 34). Die beiden ⊔-Teile des Führungsstückes werden je nach Länge des Stempels von 2 oder mehr Ver-

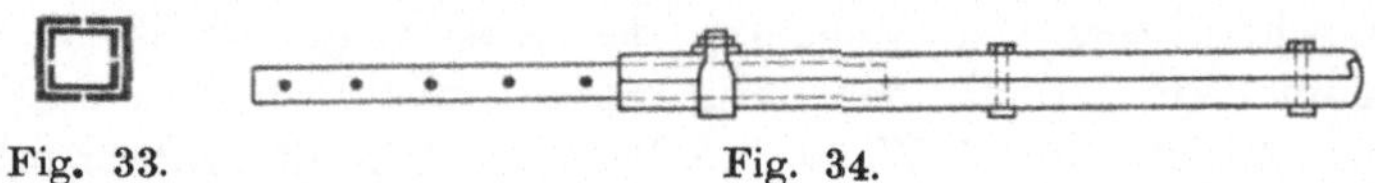

Fig. 33. Fig. 34.

bindungsschrauben zusammengehalten, so daß man sie also keilig stellen kann. Hierdurch erreicht man, daß bei Zunahme des Druckes auf dem Tragteil dieser zwar etwas in den Führungsteil eindringen, aber niemals ein plötzliches gänzliches Zusammendrücken vorkommen kann, wie dies bei anderen Stempeln der Fall ist. Der Stempel hat ferner den Vorteil, daß sein Rauben leicht ist, da, auch selbst wenn er verbogen sein sollte, nach Lösen der Schrauben der innere Teil frei wird, weil der äußere Teil aus zwei Teilen besteht. Schließlich noch sei bemerkt, daß der []-Querschnitt von höchster Tragfähigkeit ist.

Allgemein haben die Eisenstempel den Vorteil des Wegfalles der laufenden Transportkosten für Holzstempel, sofortiger Bereitschaft an der Gebrauchsstelle, größerer Sicherheit beim Rauben als das beim Holzstempel der Fall ist, bequemen Auswechselns gebrochener Holzstempel und geringerer Kosten.

In Zwickau wendet man in Verbindung mit dem Spülversatz viel die Mannesmannrohre als Stempel an.

Beim Verspülen ist sorgfältig darauf zu achten, daß das Material den ganzen Raum ausfüllt und keine Hohlräume bleiben, wodurch gleichfalls der Vorteil des Spülversatzes verloren gehen würde. Daher muß man bei flach gelagerten Flözen auch an der Einlaufstelle einen Verschlag herrichten, wenn man es nicht, wie dies in Oberschlesien geschieht, vorzieht, ein Kohlenbein stehen zu lassen und durch ein sogenanntes „Fenster" die Verspülung zu beobachten.

Bei der zunehmenden Ausfüllung des Ortes muß die Rohrleitung nach und nach durch Abnehmen von Rohren verkürzt werden, eine Arbeit, die viel Umsicht und Gewandtheit erfordert. In weiten Abbauen müssen die Rohre, die man möglichst hoch an der Firste verlagert, hin- und hergeführt werden, um den Spülstrom überall hinzubekommen, ein Nachteil, der bei schmalen, dafür aber tiefen Abbauen in Wegfall kommt. Man gebraucht dann meist der Länge nach halbierte Rohre.

Zum Besten der Arbeiter ist streng darauf zu achten, daß sie sich jedesmal nach dem Spülen umziehen, um Erkältungen zu verhüten. Ein im Jahre zwei- bis dreimal erfolgender Wechsel der Leute, die im Wasser arbeiten müssen, ist empfehlenswert. Wichtig ist ferner noch eine gute Beleuchtung vor Ort.

10. Die für die gegenseitige Verständigung und für den verbindenden Verkehr dienenden Anlagen.

Sehr wesentlich für eine größere Spülversatzanlage ist es, Einrichtungen zur gegenseitigen Verständigung zu treffen. Um von dem Spülorte aus jederzeit den Spülstrom einstellen lassen zu können, sei es nun, weil das Ort ausgefüllt ist oder sei es, daß Unglücksfälle eintreten, wie z. B. ein Durchbruch des Verschlages, sind Signalvorrichtungen zu treffen und stets in gutem Zustande zu erhalten. Die Bedeutung der einzelnen Signalschläge ist durch Anschläge an den einzelnen Stellen bekannt zu geben. Ferner sind Telephonanlagen unumgänglich notwendig, um stets in gegenseitigen Verkehr treten zu können.

Haben die Häuer ein Ort zum Verspülen gänzlich vorgerichtet, so geben sie z. B. in Zwickau das Zeichen zum Beginn des Spülens, vorausgesetzt, daß der Vorratsturm gefüllt ist, an den Mann, welcher das Transportband bedient, und dieser letztere signalisiert weiter an den am Mischtrichter befindlichen Arbeiter. Alsdann wird der Elektromotor, der das Transportband bewegt, angelassen, die Schieber des Füllrumpfes werden in bestimmter Reihenfolge geöffnet und schließlich das Spülwasser zugegeben. Nur durch diese vorhererfolgte gegenseitige Verständigung ist das exakte Ineinandergreifen der einzelnen Arbeiten möglich.

11. Die Einrichtung der einzelnen Abbaumethoden für den Spülversatz.

Vom rein theoretischen Standpunkte aus ist der Spülversatz bei allen für den Steinkohlenbergbau, und dies ist ja derjenige, um den es sich vornehmlich handelt, in Frage kommenden Abbaumethoden anwendbar, wenn nur für den genügenden Schutz der tiefer liegenden Betriebspunkte sowie für geeignete Zuleitung des Versatzgutes und Ableitung des Wassers Sorge getragen wird. Dies wird allerdings in der Praxis manchmal auf erhebliche Schwierigkeiten stoßen, und ist es in solchen Fällen geboten, das Verspülen in Zwischenschichten vorzunehmen.

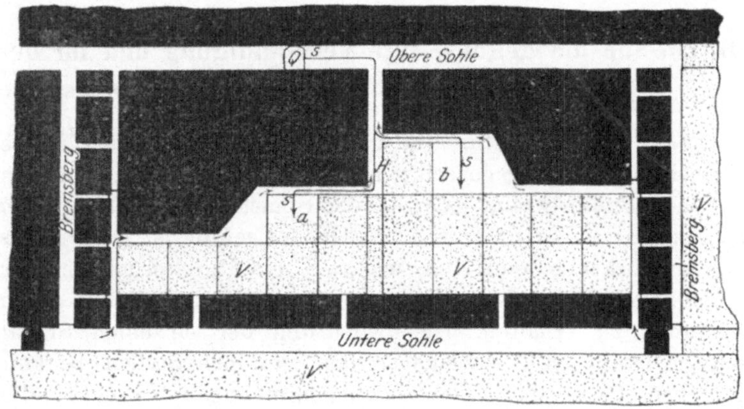

Fig. 35.

Für die meisten Abbaumethoden sind Vorschläge in der Literatur gemacht worden, und auch in der Praxis ist der Spülversatz in Verbindung mit den wichtigsten Abbauarten zur Ausführung gelangt.

Unter allen ist der streichende Stoßbau der am meisten angewandte, und zwar namentlich in Westfalen. Der Grund hierfür ist wohl darin zu suchen, daß der Stoßbau für die dortigen Flözlagerungsverhältnisse der günstigste ist und man bei ihm ohne Schwierigkeit die tieferen Betriebe so legen kann, daß sie von dem ablaufenden Wasser nicht berührt werden.

Ein Beispiel für einen Stoßbau, in welchem Spülversatz

umgeht, möge uns Fig. 35 veranschaulichen. Das Ort *a* wird momentan verspült. Der Kohlenstoß ist so weit vorgetrieben, daß die Gewinnung der Kohle während des Verspülens nicht unterbrochen zu werden braucht. Der Wasserabfluß erfolgt in der Skizze nach links durch das Fahrüberhauen nach der unteren Sohle, in welcher die Pumpe aufzustellen sein würde. Das Ort *b* ist zur Verspülung vollständig vorgerichtet, so daß es in Angriff genommen werden kann, sobald *a* fertig ist. Die Wetterführung zeigen die kleinen Pfeile an.

In dem vorliegenden Falle mündet die Spülrohrleitung, die aus dem Querschlage *Q* kommt, etwa über der Mitte des Abbaufeldes, so daß also für beide Spülfelder von dem Überhauen *H* aus die Wege der Spülrohrleitung etwa gleich lang sind und dem früher bereits erwähnten Grundsatze gerecht werden, stets den kürzesten Weg zu nehmen. Würde hingegen in der Zeichnung von links oder rechts her der Spülstrom ankommen, so erscheint es vorteilhafter, eine doppelte Leitung in der Weise einzubauen, daß ein Rohrstrang in einem der beiden Bremsberge verlegt wird und der andere im Überhauen. Der Verhieb der Kohle würde dann in gleicher Richtung vom Bremsberge und vom Überhauen nach links bzw. nach rechts vorwärtsschreiten. In diesem Falle würde ferner einer der in der Figur gezeichneten Bremsberge in das Überhauen verlegt werden, Selbst wenn hierdurch ein Umfördern der Kohle notwendig werden sollte, läßt dennoch dieser Übelstand diese Anordnung als rentabel erscheinen.

Die Wahl der Stoßhöhe ist nach örtlichen Verhältnissen zu treffen. Als günstiges Durchschnittsmaß kann man etwa 15 m annehmen und den Abstand der Verschläge in etwa 8 m festlegen. Vor allen Dingen ist in diesem Punkte die Beschaffenheit der Kohle bestimmend. Da der Spülversatz seinen hohen Wert in der Festigkeit und Dichte der Ausfüllung besitzt, so ist bei seiner Anwendung der Gebirgsdruck vor Ort etwa als Null zu betrachten. Hat man nun eine harte Kohle, so werden natürlich die Sprengkosten um so höher, je näher der Spülversatz am Orte ist. Daher erscheint in solchen Fällen ein größerer Abstand als das angegebene Durchschnittsmaß geboten. Außerdem sind die Kosten für die Verschläge alsdann geringer, die Abbaukosten durch Vermehrung der Strecken indessen etwas höher.

Wird die untere Sohlstrecke nicht mehr benötigt, so können die in ihrem Hangenden befindlichen Sicherheitspfeiler gewonnen und alles nachträglich verspült werden. Diese Nachverspülung erfordert erhebliche Unkosten und ist es daher angebracht, dieselbe nur bei unbedingter Notwendigkeit, die der Schutz der Tagesoberfläche erfordern könnte, vorzunehmen. Ist dies nicht der Fall, so ist es besser, im Dache der unteren Sohle keinen Schutzstreifen zu belassen, sondern alles sofort hereinzugewinnen und einen kräftigen Verschlag aufzuführen, die Strecken indessen später unverspült zu lassen. Beim schwebenden Stoßbau fällt das Nachverspülen von Strecken fort.

Wenn nun aber auch der Zahl nach der streichende Stoßbau der am häufigsten bisher beim Spülversatz angewandte Abbau ist, so läßt sich deshalb doch noch keineswegs behaupten, daß er der günstigste sei. Er hat beispielsweise den Nachteil, daß bei Anwendung von tonigem Materiale die Förderstrecken stark mit Schlamm angefüllt werden und daher für die jedesmalige Reinigung derselben nach erfolgtem Verspülen besondere Kosten entstehen. In den Bremsbergen verlegt man daher für die Abwässer besondere Rohrtouren bis zur unteren Sohle.

Man findet den Stoßbau in Westfalen in Verbindung mit dem Spülversatzverfahren nur deshalb so oft, weil man des Spülversatzes wegen die bereits nach dieser Methode vorgerichteten Baue nicht umändern konnte noch wollte, und ferner ist zu berücksichtigen, daß das Verfahren in Westfalen vor der Hand nur erst probeweise eingeführt wurde, und es sich nur um kleinere Abbaufelder vorerst handelt, die ausgespült wurden, nicht aber um weit ausgedehnte Gebiete.

Anders liegt die Sache z. B. in Zwickau. Hier handelt es sich eigentlich nicht mehr um Versuche, sondern um einen planmäßig durchgeführten Spülversatz in großem Maßstabe, bei dem man von unten nach oben vorschreitet. Infolgedessen findet sich hier auch eine weit größere Anlage, deren Anschaffungskosten z. B. beim Tiefbauschacht II rund 60000 M. erreichten. Hier wendet man als Abbaumethode mit gutem Erfolge den streichenden Strebbau (Fig. 36) an. Man beginnt mit dem Verspülen an der Grubenfeldgrenze, wo das Flöz seine größte Teufe erreicht. Der durch Fallstrecken und von diesen aus in Abständen von 15—20 m getriebenen Streichstrecken vorgerichtete Flözteil wird in der Weise abgebaut, daß der schwebende Abbaustoß in seiner gesamten Länge von 15—20 m (b und b_1 der Fig.) belegt und schnell vorwärts getrieben wird. Die Streben erhalten zum Verspülen eine streichende Ausdehnung von 6 m und werden in einer Entfernung von 2 m vom Ortsstoß mit Verschlägen versehen, um eine Förder- und Wetterstrecke aufzuhalten. Die oft sogar bis zu 50 m anwachsende

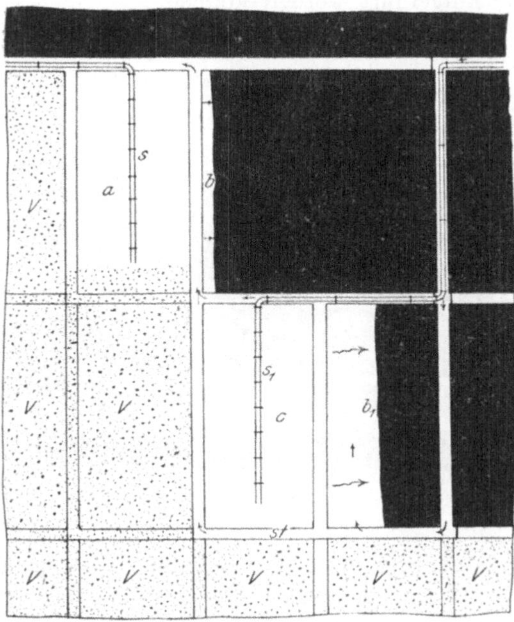

Fig. 36.

Ausdehnung in schwebender Richtung bietet den Vorteil, daß das Eigengewicht des Versatzmateriales, welches hier in hohem Maße zur Geltung kommt, den Versatz äußerst dicht gestaltet, während die geringe streichende Ausdehnung ein Verlegen der Rohre im Spülorte während des Spülens unnötig macht, da alle Ecken ohne Schwierigkeit gut ausgefüllt werden. Dieselbe Abbauweise findet man auf der niederschlesischen Cons. Karl-Georg-Viktor-Grube, wo beim Pfeilerrückbau und Strebbau der Versatz in 3 m breiten Streifen von 50 m flacher Höhe eingebracht wird.

Auch der schwebende Strebbau ist für den Spülversatz verwendbar, namentlich wenn es sich um den Abbau wenig mächtiger Flöze handelt, die starkes Einfallen besitzen. An die Stelle der Bremsberge treten dann Rollöcher und der Transport auf den niedrigen Streichstrecken erfolgt in halben Hunten. Vorteilhaft ist es, wenn beim Abbau soviel Berge fallen, daß an Stelle des Verschlages zum Schutze der unteren Sohlstrecke Bergdämme aufgeführt werden können.

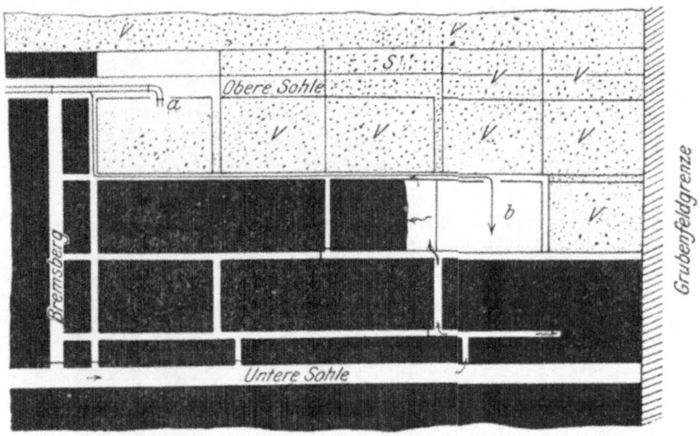

Fig. 37.

Der Pfeilerbau ist nächst dem Stoßbau die am meisten angewandte Abbaumethode in Verbindung mit dem Spülversatze. Im allgemeinen ist der Verlauf des Abbaues ein von oben nach unten fortschreitender, d. h. der Abbau des tiefer gelegenen Pfeilers steht immer gegen den höher gelegenen etwas zurück. Diese gewöhnlich übliche Methode ist auch für den Spülversatz nicht unmöglich, wie Fig. 37 zeigt und wie man z. B. auf Grube Reden im Saarrevier abbaut, doch kostspielig wegen der zahlreichen Verschläge, die sich hierbei notwendig machen. Anderseits ist aber dieser Betrieb der abgesetzten Stöße den geradlinigen vorzuziehen. Man ändert nun vorteilhafterweise den Abbau dahin um, daß der untere Pfeiler stets weiter vorgerückt ist als der obere, wie Fig. 38 lehrt. Die Kohlenförderung erfolgt dann in der gleichen Richtung wie die Versatzzufuhr.

Der streichende Pfeilerbau hat ohne Zweifel gegenüber dem Stoßbau mancherlei Vorzüge. Der Betrieb ist bei ihm ein konzentrierter und die Kohle steht am Arbeitsorte unter höherem Drucke, was für die Gewinnung harter Kohle äußerst wichtig ist. Ferner läuft das Spülwasser nur auf der untersten Strecke ab, so daß die Reinigungskosten weit niedriger stehen. Auch sind weniger Meter Rohrleitung erforderlich. Nachteilig für den Verschleiß der Rohre ist die beträchtliche Anzahl von Krümmern. Außerdem ist ein gutes Hangende Bedingung.

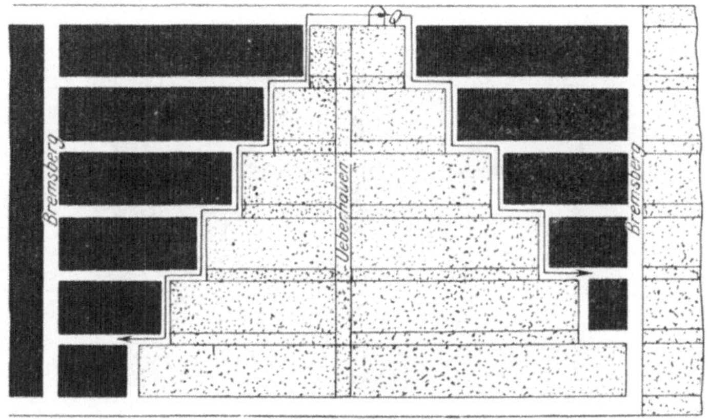

Fig. 38.

Nicht sehr geeignet erscheint der schwebende Pfeilerbau mit einer aufwärtsgehenden Kohlenförderung. Die Kosten des Haspelbetriebes sowie die Notwendigkeit von zahlreichen Abflußlutten für das Spülwasser, die in den Versatz gelegt werden, sind neben anderen Unannehmlichkeiten beträchtliche Nachteile.

Besonders häufig wendet man den Pfeilerbau in Oberschlesien an. Die oft über 10 m mächtigen Flöze wurden früher durch diese Abbaumethode unter enormen Abbauverlusten, die 40 % oft noch überschritten, als Bruchbau hereingewonnen. In Verbindung mit dem Spülversatze indessen ist es möglich geworden, den Abbau in Scheiben von 2,5—5 m Mächtigkeit zu betreiben. Nachdem in der unteren Scheibe der Abbau beträchtlich vorgerückt ist, beginnt man mit der Gewinnung der oberen. In Myslowitz z. B. baut man das 10 m starke Niederflöz in zwei Scheiben von je 5 m Mächtigkeit ab. Der Abbau der oberen Scheibe erfolgt in der Weise, daß man den Schram in den Sandversatz macht, eine Arbeit, die sehr schnell vor sich geht. Fast alle Strecken können ohne Zimmerung aufgefahren werden. Beim Abbau ist der Holzverbrauch gering. Die Dämme müssen allerdings sorgfältiger hergestellt werden. Die Schwierigkeiten, von denen man früher vermutete, daß sie sich einstellen würden, hat man

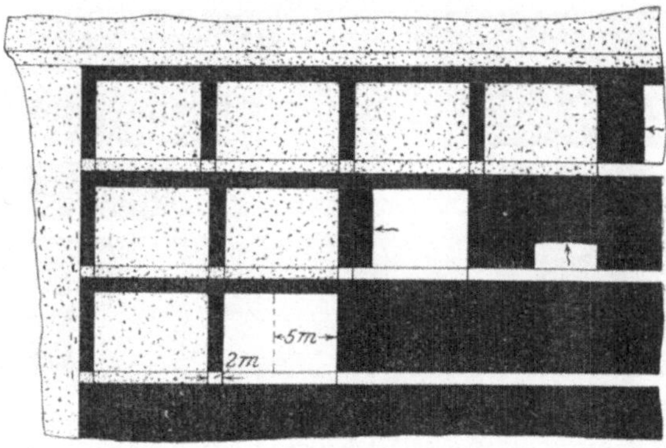

Fig. 39.

beim Abbau der oberen Scheibe keineswegs angetroffen. Das Dach zeigt keine Risse, die etwa durch Setzen des Versatzes der unteren Scheibe hätten entstehen können. Der dichte Anschluß des Dammes der oberen Scheibe an den Versatz der unteren Scheibe wird dadurch erzielt, daß man Bohlenpfähle von 1 m Länge in den Sand eintreibt und vor diese eine 0,50 m breite Düngerschicht einstampft. Die Abführung des Wassers in den horizontalen Strecken stößt auf keine Schwierigkeiten. Das Wasser rührt den Sand in diesen nicht auf. In den schwebenden Strecken hingegen ist ein Verlegen von Holzlutten bis zur unteren Sohle notwendig. Der Abbau der oberen Scheibe soll sich noch billiger stellen als derjenige der unteren, und auch ist die Häuerleistung natürlich höher, da der Schram so leicht herzustellen ist.

Eine der gewöhnlich beim Abbau mit Spülversatz befolgten Regel entgegenstehende Abbauweise, bei der von oben nach unten gearbeitet wird, findet man auf der kons. Concordia- und Michaelgrube. Dieselbe zeigt Fig. 39. In 5 m Breite geht man schwebend von der Abbaustrecke bis etwa 2 m unter die höhere, bereits verspülte Abbaustrecke vor und gewinnt den seitlich stehengebliebenen Kohlenstreifen gleichfalls noch bis auf 2 m Entfernung von dem nebenstehenden verspülten Pfeiler. Versatz, Kohlenstreifen und Ausbau tragen das Hangende, und zwar bisher mit schönem Erfolge. Das Flöz hat nur 4° Einfallen.

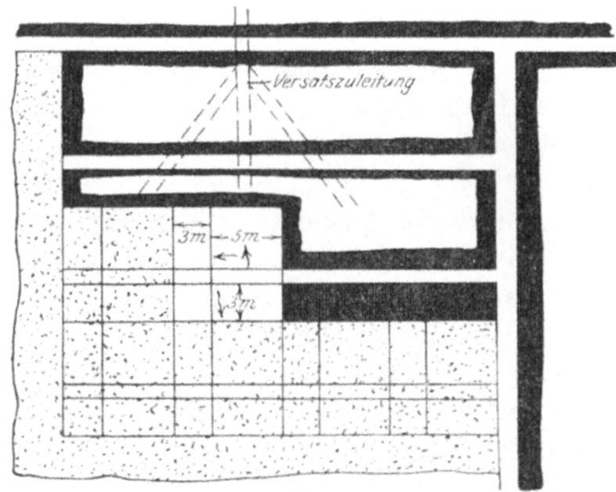

Fig. 40.

Nicht so gut bewährt hat sich das Verfahren der Hedwigs Wunschgrube, die in ähnlicher Weise, aber von unten nach oben abbaut und keine Kohlenbeine stehen läßt, sondern alles hereingewinnt und infolgedessen nicht solche Abbauverluste hat, wie die eben beschriebene Abbauweise. Hier sind Senkungen bis zu 20 cm schon nachgewiesen worden, die allerdings auch darin ihre Erklärung mit finden, daß die wellenförmige Flözlagerung ein Einbringen des Versatzes bis dicht unter das Hangende sehr schwer ermöglicht.

Als Beispiel für den auf einmal erfolgenden Abbau eines 10 m mächtigen Flözes sei der Betrieb der fiskalischen Königin-Luise-Grube erwähnt. Den Abbau zeigt uns Fig. 40. Die Zufuhr des Gutes, welches in der Grube fällt, zu dem Spülorte erfolgt mittelst des Grubenwassers in offenen Rinnen. Das Flöz hat 10^0 Einfallen.

Man baut in folgender Weise ab: In 3 m Abstand vom Versatze treibt man schwebend einen Stoß von 5 m Breite bis zu 3 m Entfernung von der oberen Abbaustrecke vor. Alsdann baut man einfallend den 3 m starken Schutzstreifen der unteren Abbaustrecke und streichend das 3 m starke Bein zum nächsten Versatzstoß hin ab und verspült den vollständig ausgekohlten Raum von schwebenden Strecken her, die dicht am Hangenden in 28 m Abstand aufgefahren werden. Von ihnen gehen wieder Diagonalörter aus für die Verspülung der seitlichen Streifen. An den Mündungen dieser Schwebenden in der oberen Sohle stehen Sturzwipper, mit Hilfe derer die herangeförderten Bergewagen in die Rinnen entleert werden, und ferner Wasserkästen, die das Grubenwasser der oberen Sohle aufnehmen.

Als Beispiel für die Anwendung des Spülversatzes beim Firstenbau sei das der Grube Joaquina in Azuaga (Spanien) erwähnt. Beim Gangbergbau wird hier augenblicklich in 125 m Tiefe verspült, wobei der Mischtrichter über Tage liegt. Während sich auf der einen Seite der Versatz an taube Mittel oder älteren Versatz anschließt, wird auf der anderen Seite ein Verschlag aus Trockenmauern und Brettern oder Rundhölzern bis zu einer konvenierenden Höhe hergestellt. Zur Abdeckung des Daches der unteren Streichstrecke genügt die Verwendung von alten Säcken, Strohmatten (esteras) und nicht mehr verwendbaren Förderkörbchen aus Espartogras. Zur gleichmäßigen Verteilung des Spülgutes im Versatzorte wird fortwährend die Oberfläche mit langen Instrumenten bearbeitet, die der „Kiste“ bei der Herdwäsche in der Aufbereitung ähnlich sind.

Schließlich sei noch als ein vereinzeltes Beispiel die Verwendung des Spülversatzes in Verbindung mit dem Querbau auf der Guidogrube, Berginspektion Bielschowitz, erwähnt. Das Schuckmannflöz hat dort etwa 45^0 Einfallen, und das Verspülen erfolgt stets von einer höheren Abbaustrecke aus.

Bei Anwendung des Spülversatzes ist es also, wie wir gesehen hatten, möglich geworden, die mächtigen Flöze Oberschlesiens in mehreren Scheiben abzubauen. Hiermit sind mancherlei Vorteile verbunden; sie bestehen in der Herabminderung der Holzkosten, den weit geringeren Abbauverlusten und der Verringerung der Gefahren für die Arbeiter bezüglich des Stein- und Kohlenfalles.

Zum Schlusse sei noch kurz der Einwirkung der Spülversatzmethode auf die Abbauarten im Salzbergbau gedacht. Der Kammerbau, der für diese Gruben typisch ist, scheint sich nicht sehr günstig zu erweisen. Bei Anwendung des Kammerbaues scheint es immer noch notwendig zu sein, Stützpfeiler stehen zu lassen, wenn dieselben auch geringere Dimensionen annehmen können. Da bei dem Salzbergbau die unbedingte Notwendigkeit vorliegt, das Dach sorgfältig vor Spalten- und Rißbildung zu bewahren, durch welche Süßwasser eindringen könnte, so bietet der Kammerbau mit seinen großen Hohlräumen bei einer gänzlichen Gewinnung der Stützpfeiler zu viel Gefahr für das Dach. Sollte sich daher das Spülversatzverfahren auch im Salzbergbau, wie zu erwarten steht, einbürgern, so wird dies sicherlich eine gänzliche Umwandlung in der Gewinnungsweise der Salzlager mit sich bringen. Am meisten Aussicht für die Einführung hat dann, wie schon an anderer Stelle einmal erwähnt wurde, eine Art Strebbau mit abgesetzten Stößen.

12. Die Kosten des Verfahrens.

Die in der Praxis bis heute erzielten Resultate haben ergeben, daß sich die Kosten des Spülversatzes nirgendwo höher stellen als die des Handversatzes, vorausgesetzt, daß man über die ersten Anfangsstudien hinweg ist. In sehr vielen Fällen hingegen, wo noch besonders günstige Umstände für dieses Verfahren sich geltend machten, wie beispielsweise billige Beschaffung des Spülmateriales usw., stellen sich bereits heute die Kosten erheblich niedriger. Als Beispiele mögen die Kostenübersichten des Spülversatzbetriebes der Zechen Hibernia und Pluto folgen.

Auf der Zeche Hibernia, Westfalen, ist für 7 Abbaubetriebe die Auslage für die Spülversatzanlage folgende gewesen:

1500 m Rohre	14925	M.
10 Bogenstücke	350	,,
11 T-Stücke	385	,,
15 Schlammschieber	1275	,,
2000 kg Schrauben	600	,,
40 kg Gummiringe	160	,,
Löhne für Einbauen	930	,,
Herstellung des Trichterraumes	2054	,,
Trichter	500	,,
Kippe	60	,,
2 Stahlgußkrümmer	770	,,
240 m Wasserrohre 3″	960	,,
4 Wasserschieber	140	,,
Summa:	23109	M.

An Betriebskosten ergaben sich im Monat Januar 1904:

2 Mann Bedienung	153,20	M.
247 m Verschlag à 1 M.	247,00	,,
Für tannene Borde	119,00	,,
Für Verschlagleinen	74,29	,,
Für Rohre verlegen usw.	84,00	,,
Kosten für Wasserhebung	200,00	,,
Für Erneuerung der Anlage (alle 4 Jahre)	481,44	,,
Summa:	1358,93	M.

In diesem Monate wurden 2116,95 t Kohlen gefördert, so daß also pro t Kohlen 0,64 M. für den Versatz bezahlt wurden. Die t Berge stellte sich zu 0,84 M.

Zum Vergleiche seien die Kosten des Handversatzes im Monate Juni 1903 angegeben:

Transport von 2050 Wagen Berge	169,18	M.
2 Pferde	184,00	,,
2 Treiber	101,20	,,
Versatzkosten	684,20	,,
Lufthaspelbedienung	262,20	,,
Summa:	1400,78	M.

Aus diesen Kosten ergibt sich für 1 t Kohle 0,80 M. und für 1 t Bergeversatz 0,97 M.

Die Anlagekosten der Zeche Pluto auf Schacht Thies waren folgende:

2 Compound-Duplex-Pumpen	5918,40 M.
950 m Schlammrohre, 125 mm Durchm., à 6 M. .	5700,00 „
160 m Wasserrohre, 125 mm Durchm., à 6,32 M.	1011,20 „
1000 m verzinkte Luftleitung, 90 mm Durchm., à m 5,30 M.	5300,00 „
1000 m verzinkte Wasserleitung, 52 mm Durchm., à m 2,30 M.	2300,00 „
Diverse Gußkrümmer, à 100 kg 22 M.	541,64 „
Schrauben, Dichtungsringe usw.	200,00 „
Fertigstellen der Reservoire, Klärsümpfe usw. . .	6048,40 „
Summa:	27019,64 M.

Als Übersicht über die Monatsausgaben dieser Zeche diene nachstehende Tabelle:

Monat	Zahl d. Betriebe	Förderung	Versetzt an		Verausgbt. Löhne		Summa der Löhne inkl. Pferde	Selbstkosten	
			trockenen Bergen	Schlamm	für Kohlengewinnung	für Schlammversatz		pro t Kohlen inkl. Schlammversatz	pro t Berge bzw. Schlamm
		t	t	t	M.	M.	M.	M.	M.
Okt. 03	2	2076	284,5	1579,5	4442,75	1425,90	5868,65	2,83	0,902
Novbr.	2	1641	236,5	1375,5	4017,25	1088,65	5105,90	3,11	0,792
Dezbr.	3	1902,5	459,5	1540,5	4023,00	1718,15	5741,15	3,02	1,116
Januar	3	2013,5	523	1540,5	4024,05	1967,85	5991,90	2,97	1,277

Es folge nun weiterhin noch eine Zusammenstellung der Versatzkosten einiger oberschlesischer Gruben.

Name der Grube	Zweck des Versatzbaues	Versatzmaterial	Aus Versatzbauen werden gefördert in pCt. der Gesamtförderung	Kosten des Versatzes pro t Kohlen M.
Concordia-Grube .	Abbau eines Bahn- und Chausseesicherheitspfeilers	Berge aus Vorrichtungsarbeiten	1,3	1,10
Guido-Grube . . .	Ermöglichung des vollständigen Verhiebes des 11 m mächtigen Schuckmannflözes bei steiler Lagerung	Berge aus Vorrichtungsarbeiten, Aschen- und Bergehalde	10	0,80—0,90
Ferdinand-Grube .	Abbau des Sicherheitspfeilers für die Fanny-Franz-Zinkhütte	desgl.	4	0,61
Schlesien-Grube . .	Abbau des Sicherheitspfeilers für das Dorf Brzerina und für die Anschlußbahn nach Hubertushütte	Berge aus Vorrichtungsarbeiten	2,7	0,62
Brandenburg-Grube	Schutz der hangenden Flöze beim vorzeitigen Abbau des liegenden Pochhammerflözes	Sand aus Sandbergen	21	1,30
Gräfin-Laura-Grube	Abbau des für die Tagesanlagen der Königshütte festgesetzten Sicherheitspfeilers	Hochofenschlacke	9,8	0,76
Königs-Grube . .	Abbau des Sicherheitspfeilers für den St. Marien-Kirchhof	desgl.	6	1,22
Deutschland-Grube	Schutz der hangenden Flöze beim vorzeitigen Abbau von Sattelflöz Niederbank	Granulierte Hochofenschlacke	1,6	1,44

Da für viele Distrikte ein geeignetes Versatzmaterial nicht in nächster Nähe in hinreichender Menge vorhanden ist, so wird der Bau von Bahnen und der Erwerb von Grundeigentum in größerer Ferne in Zukunft öfter eintreten müssen. Es sei deshalb eine kurze Zusammenstellung der gesamten, durch Einführung des Sandspülversatzes auf Königin-Luisen-Grube in Zabrze in Oberschlesien entstandenen Kosten angeführt. Diese Grube hat eine 13 km lange Bahn gebaut, auf der drei Maschinen mit 60 Wagen zu je 20 t Tragfähigkeit verkehren. Die Sandgewinnung erfolgt durch zwei Bagger.

Die Gesamtkosten setzen sich wie folgt zusammen:

Grunderwerb	341000 M.
Erdarbeiten	252000 „
Einfriedigungen	3000 „
Wegeübergänge	104000 „
Brücken und Durchlässe	215000 „
Oberbau	488000 „
Signale	20000 „
Bahnhöfe	127500 „
Werkstattanlagen	15000 „
Betriebsmittel	501000 „
Verwaltungskosten	58000 „
Insgemein	5500 „
	2130000 M.
Anlage auf Glückauf-Schacht	110000 „
Gesamtsumme:	2240000 M.

Die jährlichen Betriebskosten sind im Voranschlage wie folgt berechnet worden:

A. Baggerkosten.

1. Allgemeine Kosten.

Verzinsung und Tilgung des Anlagekapitals von 100 000 M. für 1 Hoch- und 1 Tiefbagger zu 6 %	6000 M.
Rücklage für die Erneuerung derselben Bagger (100 000 M. zu 8 %)	8000 „
Summa:	14000 M.

2. Gehälter und Löhne.

2 Baggerführer	zu 1200 M.	2400	M.
2 Maschinenführer	zu 1000 ,,	2000	,,
2 Maschinenheizer	zu 900 ,,	1800	,,
4 Klappenschläger	zu 750 ,,	3000	,,
1 Schachtmeister		1500	,,
1 Vorarbeiter		1000	,,
30 Arbeiter	zu 750 M.	22500	,,
	Summa:	34200	M.

3. Betriebsmaterialien.

Kohle für 2 Bagger täglich 2 t, mithin jährlich 560 t à 7,00 M.	3920	M.
Schmier- und Putzmaterial jährlich ca.	1000	,,
Summa:	4920	M.

B. Beförderungskosten.

1. Allgemeine Kosten.

Verzinsung und Tilgung des Anlagekapitals von 1 750 000 M. zu 6 %	105000	M.
Rücklage in den Erneuerungsfonds des Oberbaues zu 5 % von 300 000 M.	15000	,,
Instandhaltung d. Hochbauten v. 100 000 M. zu 2 %	2000	,,
Rücklage für die Erneuerung der 3 Lokomotiven von 150 000 M. zu 8 %	12000	,,
Desgl. d. Sandtransportwagen von 240 000 M. zu 4 %	9600	,,
Summa:	143600	M.

2. Gehälter und Löhne.

Fahrdienst:	4 Lokomotivführer	zu 1800 M.	7200	M.
	4 Heizer	zu 1200 ,,	4800	,,
Stationsdienst:	2 Weichensteller	zu 1000 ,,	2000	,,
	2 Hilfsweichensteller	zu 800 ,,	1600	,,
	2 Arbeiter	zu 750 ,,	1500	,,
Bahnunterhalt:	1 Bahnmeister		3000	,,
	1 Vorarbeiter		1000	,,
	12 Arbeiter	zu 750 M.	9000	,,
Werkstätte:	1 Maschinentechniker		2400	,,
	5 Schlosser bzw. Schmiede	zu 1000 M.	5000	,,
		Summa:	37500	M.

3. Betriebsmaterialien.

Für eine Hin- und Rückfahrt kann nach Erfahrungssätzen 1 Tonne Kohlen in Ansatz gebracht werden. Mithin täglich 12 t, jährlich 3360 t zu 7,00 M.	23520 M.
Schmier- und Putzmaterial für 3 Lokomotiven . .	3500 ,,
Schmiermaterial für 72 Wagen zu 100 M.	7200 ,,
Werkstättenmaterial	15000 ,,
Summe	49220 M.

4. Insgemein.

Für Bureaukosten, unvorhergesehene Mehrkosten, Beseitigung von Schneeverwehungen, Schadenersatzansprüche Dritter usw.	16560 M.
Insgesamt	300000 M.

Aus dieser Zusammenstellung ergeben sich die Kosten für Gewinnung und Förderung für 1 cbm Sand zu 30 Pf. Ein tkm kostet 1,286 Pf.

Die vorerwähnten Kostenanschläge mögen hier genügen, um sich ein oberflächliches Urteil bilden zu können und als Anhalt zu dienen für ähnliche Anlagen. Ein Schema läßt sich nicht aufstellen; denn die Größe der Anlage sowie die örtlichen Verhältnisse rufen bedeutende Änderungen sowohl in den Anlage- als in den Betriebskosten hervor. Das hier Erwähnte reicht hin, um zu zeigen, daß oft, wenn es im ersten Augenblicke sowohl wegen zu hoher Anlage- als auch zu enormer Betriebskosten erscheinen will, als ob die Einführung des Spülversatzverfahrens unmöglich sei, dennoch eine gute Rentabilität vorliegen kann. Vor allen Dingen ist es wichtig, eine genaue Berechnung der Kohlenmengen anzustellen, die durch Einführung des Spülversatzverfahrens mehr gewonnen werden können. Auf der Veranschlagung dieser sonst verloren gehenden Schätze basieren die Kostenberechnungen sowie die Größe und Ausdehnung, welche die Spülversatzanlage annehmen darf. Der Gewinn, der aus diesen sonst preiszugebenden Mineralschätzen resultiert, repräsentiert den Maximalwert der Mehrselbstkosten, die für die Einführung des Verfahrens zulässig sind. Auf dieser Erwägung beruhend, hat Oberberghauptmann von Velsen eine Formel aufgesetzt. Dieselbe lautet:

$$(100 - n)\,x = 100\,(x - a)\,x\,.$$

Hierin bedeuten: n = Abbauverluste in Prozenten

x = Gewinn } pro t.
a = Versatzkosten }

Aus dieser Formel erhält man leicht die Versatzkosten a als Prozente des an einer Tonne erzielten Gewinnes.

Eine andere Berechnungsmöglichkeit der Kosten, die der Versatz hervorrufen darf, stützt sich auf den Gedanken, daß, wenn durch Einführung des Spülversatzverfahrens die Lebensdauer einer Grube verlängert wird, der Gewinn an einer Tonne auf die längere Zeit bzw. die größere zu gewinnende Menge kleiner sein darf als auf die kürzere Zeit bzw. geringere geförderte Menge bei Nichtanwendung des Verfahrens, um einen gleichen Endwert zu erhalten. Hierbei ist also die Zinseszinsrechnung zugrunde zu legen und zu berechnen, welcher Gewinn in der verlängerten Lebensdauer mit seinen Zinseszinsen dasselbe Endkapital ergibt, als wie die Überschüsse mit Zinseszinsen der kürzeren Zeit, wenn man sie noch bis zum Ende der verlängerten Lebensdauer arbeiten lassen würde. Nehmen wir z. B. an, ohne Anwendung von Spülversatz sei die Lebensdauer einer Grube n Jahre und das jährlich gewonnene Kapital sei K; dann liefe dieses in n Jahren nach der Rentenformel in folgender Weise an:

$$K \frac{(p^n - 1)}{p - 1} = K_1 .$$

Dieses Kapital arbeite nun noch so lange weiter, als wie die durch Einführung des Spülversatzverfahrens verlängerte Lebensdauer beträgt. Diese Verlängerung sei m Jahre. Wir erhalten also nach $n + m$ Jahren ein Endkapital: $E = K_1 \cdot p^m$. Dieses Endkapital muß nun gleich sein einem jährlich zurückzulegenden entsprechend kleinerem Gewinne k, der $n + m$ Jahre arbeitet, oder es besteht mit anderen Worten die Relation:

$$K_1 \cdot p^m = \frac{K \cdot (p^n - 1)}{p - 1} \cdot p^m = \frac{k\,(p^{n+m} - 1)}{p - 1} = E,$$

welche für k aufzulösen wäre. Würde man beispielsweise für k den Wert $k = 0{,}75$ M. erhalten, so ist hiermit gesagt, daß die Versatzkosten bei Anwendung des Spülversatzverfahrens um 25% größer sein dürfen, ohne den Endwert zu erniedrigen, vorausgesetzt, daß der ohne Spülversatz erzielte Gewinn pro Tonne Kohle 1 M. beträgt.

Nachdem nun auf die eine oder die andere Methode festgestellt worden ist, wie hoch sich mit Amortisation und Verzinsung pro Tonne Kohle die Versatzkosten belaufen dürfen, beginnt der engere Kostenanschlag für die zu erbauende Einrichtung, wofür die oben angegebenen Zahlen als Anhalt dienen mögen.

Es sei noch erwähnt, daß nach der vorerwähnten Methode der Berechnung der Maximalkosten pro Tonne Kohle die durch den Spülversatz erzielten indirekten Ersparnisse für Bergschäden, Unfälle u. dgl. m. nicht in Rücksicht gezogen sind, so daß sich das Bild stets noch etwas vorteilhafter gestaltet.

C. Schlußwort.

Es würde wohl noch etwas verfrüht sein, wollte man schon heute, nach so kurzer Zeit der Einführung des Spülversatzverfahrens, den Wert desselben in seinem ganzen Umfange festlegen. Immerhin sind aber schon heute eine große Anzahl von Vorteilen gegenüber dem Handversatze als erwiesen zu betrachten. Dieselben bestehen in folgenden Punkten:

1. Steigerung der Häuerleistung und damit Hebung der Produktion und Verbilligung der Gewinnungskosten. So z. B. auf Grube Sälzer Neuack, Westfalen, ist die Mehrleistung des Häuers auf 20 % berechnet worden, da sich die Häuer nicht so viel mit dem Einbau zu beschäftigen brauchen. Auf „Deutscher Kaiser" sind die Gewinnungskosten durch die Mehrleistung des Häuers von 1,70 M. auf 1,30 M. pro Tonne zurückgegangen. In Myslowitz, Oberschlesien, ist aus gleichem Grunde der Preis von 1 t um 0,12 M. billiger geworden.

2. Herstellung eines bei weitem dichteren und somit voraussichtlich auch widerstandsfähigeren Versatzes. An Stelle von etwa 47 % beträgt beim Spülversatz die Ausfüllung des Hohlraumes in vielen Fällen 90 % und manchmal noch mehr.

3. Verringerung der Unglücksfälle durch Stein- und Kohlenfall, da der Abbau nicht lange unverspült stehen bleibt. Ein Beispiel zeigt uns die Statistik der Myslowitzgrube in Oberschlesien. Auf 10000 t Förderung berechnet waren im Laufe von 5 Jahren an Unglücksfällen zu verzeichnen:

	Tote	Über 13 Wochen Arbeitsunfähige	Unter 13 Wochen Arbeitsunfähige
Beim Bruchbau	0,05	0,18	0,27
Beim Versatzbau	0,01	0,05	0,17

4. Bedeutende Holzersparnis. Zeche Sälzer Neuack setzt ihre Ersparnisse in Holz inkl. der Mehrleistung der Häuer auf 38 % fest und „Deutscher Kaiser" sogar auf 40 %.

5. Einschränkung und Tilgung von Grubenbränden. Der Versatz ist so dicht, daß Luft unmöglich durchdringen kann, so daß sich der Brand nicht fortsetzt, sondern erstickt.

6. Guter Schutz der Tagesoberfläche gegen Einbruch; infolgedessen Beseitigung von Unglücksfällen durch Einsturz des Terrains und der Häuser und indirekter Gewinn durch Einschränkung der Ausgaben für Bergschäden. Auf den Kruppschen Gruben will man allein hierfür schon eine Ersparnis von 0,30 M. bis 0,40 M. pro Tonne erzielt haben.

7. Hoher ökonomischer Gewinn, bestehend in der Gewinnung von alten und der Einschränkung von neuen Sicherheitspfeilern auf ein Minimum. Die Kruppschen Gruben in Westfalen wollen durch Einführung des Spülversatzverfahrens ihre Lebensdauer um 25 Jahre verlängert haben.

8. Wegfall der hohen Abbauverluste bei Gewinnung mächtiger Flöze, wie z. B. in Oberschlesien, da diese Flöze bei Verwendung des Spülversatzes in Scheiben vollständig abgebaut werden können. Die Abbauverluste sind von mehr als 40 % auf 15 bis 20 % gesunken.

9. In den meisten Fällen Verbilligung des Versatzes. In Myslowitz z. B. kostet der Spülversatz pro Tonne Kohle 0,40 M., der Handversatz hingegen 1,20 M. Auf Zeche Hibernia, Westfalen, beliefen sich pro Tonne Kohle die Kosten des Spülversatzes auf 0,64 M., hingegen die des Handversatzes auf 0,80 M. Auf Zeche Westende, Westfalen, kostet die Tonne Kohle 2,24 M. statt 2,63 M. früher. Auf Grube Sulzbach Altenwald, Saarrevier, stellen sich die Kosten des Spülversatzes pro Tonne Förderung um 18 Pf. billiger als beim Handversatz, wobei Amortisation und Verzinsung der Anlagen in Rücksicht gezogen sind.

10. Ausnützung des in Gestalt von Halden bisher totliegenden Kapitales. Die Halden werden mit der Zeit gänzlich verschwinden und nicht mehr die Gegend verunzieren. Das früher als unbrauchbar Fortgeworfene beginnt Werte anzunehmen.

11. Heben der Eisen- vor allen Dingen der Rohrindustrie sowie Schaffung eines ganz neuen Industriefabrikates, des Versatzleinens.

12. Vorteile für die Wetterführung. Die Wetter können nicht in den alten Mann abirren und die frischen Wetter werden wegen der Arbeitskonzentrierung besser ausgenützt.

13. Die Möglichkeit, den Abbau an jeder beliebigen Stelle zu beginnen und, wenn die Verhältnisse es erfordern, wieder einzustellen; also eine denkbar größte Anpassungsfähigkeit an die wechselnden Anforderungen des Betriebes verbunden mit einer vorteilhaften Konzentrierung.

14. Einschränkung der Bergeförderung, wenn von über Tage her eingespült wird, und damit Schonung der Fördereinrichtungen.

Diese Vorzüge berechtigen zu der Hoffnung, daß das Spülversatzverfahren in der Zukunft eine große Rolle zu spielen berufen ist und daß sich durch dasselbe das Nationalvermögen mancher Staaten erheblich steigern wird. Auch die Preußische Stein- und Kohlenfall-Kommission empfiehlt in ihren zur Vermeidung von Stein- und Kohlenfall veröffentlichten Grundsätzen die Einführung des Spülversatzes angelegentlichst, ganz besonders für den scheibenweisen Abbau mächtiger Flöze.

Wenn sich auch heute noch der Einführung dieses Verfahrens manche erhebliche Schwierigkeiten in den Weg stellen können, so wird die Zukunft doch noch viele derselben zu beseitigen imstande sein, so daß sich schließlich das Verfahren nur dann als unbrauchbar zeigen wird, wenn absolut gar kein geeignetes Material in weitem Umkreise vorhanden ist, ein Fall, der wohl ziemlich selten, wenn nie, eintreten dürfte. Die Schwierigkeit eines Wassermangels hat man schon jetzt, wie erwähnt, durch die Anwendung von Preßluft zu überwinden versucht. Bei dieser Methode hat man noch weitere Vorteile, die kurz folgende sind:

1. Die großen Wassermengen, die sonst in die Grube gelangen, fallen fort und brauchen nicht gehoben zu werden.
2. Unkosten für den Betrieb der Wasserhaltungsmaschinen und für Reparaturen werden vermieden.

3. Die Anlage von Klärsümpfen ist nicht notwendig.
4. Die Preßluft begünstigt die Ventilation.

Wesentlich für eine möglichst wirtschaftliche Ausnützung des Spülversatzverfahrens ist seine Zentralisation und Einrichtung für den gesamten Abbau einer Grube. Überall ist man in der Praxis zu dem gleichen Resultat gekommen, daß eine in großem Maßstabe erbaute Anlage die günstigsten Resultate in technischer wie wirtschaftlicher Hinsicht ergibt.

Betreffs der Anwendung des Spülversatzes ließe sich kurz zusammenfassend etwa folgendes bemerken: Unter der Voraussetzung, daß man über Versatzmaterial und Wasser in genügender Menge verfügt, ist der Spülversatz dem Handversatz überall dort vorzuziehen, wo es sich um den Abbau von Flözen oder Lagern handelt, die weniger als ca. 40^0 Einfallen haben und eine Mächtigkeit von 1 m nicht unterschreiten. Die anzuwendenden Abbaumethoden wären alsdann bei Verhältnissen wie in Westfalen, wo man schlechtes Nebengestein und ziemlich starkes Einfallen oft hat, der Stoß- oder streichende Strebbau; bei oberschlesischen Verhältnissen indessen eine schwebende Abbaumethode, der Pfeiler- oder der Strebbau.

Es würde jedoch einseitig geurteilt sein, wollte man nur die Vorzüge des Spülversatzes anführen und seiner zweifellosen Nachteile nicht gedenken. Dieselben sind kurz folgende:

1. Bedeutende Beschwerung der Wasserhaltung. Die großen Wassermengen, die mit dem Versatze in die Grube gelangen, müssen wieder geklärt und gehoben werden und bedingen daher in den meisten Fällen besondere Wasserhaltungen.

2. Hoher Bedarf an Versatzgut. Da die Ausfüllung der Hohlräume von $47\,^0/_0$ auf $90\,^0/_0$ durchschnittlich gestiegen ist, so ist auch etwa die doppelte Versatzmenge notwendig. Königin-Luise-Grube, Oberschlesien, verspült täglich 3600 cbm Sand, Zeche Westende, Westfalen, 1500 cbm Schlacke und Haldenmaterial usw.

3. Mehrkosten, die in den Anschaffungskosten der ganzen Einrichtung, der Pumpen, dem Erwerb von Halden und Terrain bestehen sowie in den Betriebskosten der Wasserhaltung, des vermehrten Personals und der Reparaturen, namentlich an den Rohrleitungen usw.

4. Die Nachteile der großen Feuchtigkeit in der Grube für die Gesundheit der Arbeiter.

5. In vielen Fällen Notwendigkeit der Umgestaltung der Abbaumethoden und damit der Vorrichtungsarbeiten.

Diese wenigen Nachteile werden jedoch durch die zahlreichen Vorteile in so hohem Maße übertroffen, daß sie kaum in Frage kommen, zumal wenn man sie durch geeignete Vorkehrungen auf ein Minimum beschränkt. Daher fällt die Kritik meist zugunsten des Spülversatzes aus und man kann mit Recht sagen: Das Spülversatzverfahren bedeutet im Gebiete des Bergwesens den bedeutendsten Fortschritt der Neuzeit, dessen Tragweite heute noch nicht zu übersehen ist und der schon viele umfangreiche Veränderungen und zweifellose Verbesserungen im Bergbau gezeitigt hat. Vor allen Dingen ist der ideale Vorteil der Verringerung der Unglücksfälle hoch anzuschlagen und daher die weitere Verbreitung und Vervollkommnung dieses Verfahrens zum Besten des Bergmannes sehnlichst zu erwünschen.